0歳からシニアまで

ジャック・ラッセル・テリアとのしあわせな暮らし方

Wan編集部 編

はじめに

風を受けて大地を駆ける力強さがあり、知性と品格を併せ持つジャック・ラッセル・テリア。表情豊かで愛情深く、知れば知るほど魅力的な犬種です。そんな彼らは、最良のパートナーとして人に寄り添い続け、今日に至るまで日本はもちろん世界各地で愛されてきました。

この本の特徴は、「０歳からシニアまで」ジャック・ラッセル・テリアの一生をカバーしたものであるということ。飼育書でよくある「これからジャックを飼いたい」と思っている人向け、子犬向けの情報だけにとどまらない内容となっています。もちろん、子犬の迎え方や育て方もたっぷり盛り込んでいるので、ジャックの初心者さんにもばっちりお役立ち。それにプラスして、成犬になってから役立つしつけやトレーニング、保護犬の迎え方、お手入れ、アジリティーの練習方法、病気のあれこれに、避けては通れないシニア期のケアもご紹介しています。

ジャックを長く飼っているベテランさんにも、飼い始めて間もない人にも、そしてこれから飼おうかと考えている人にも、ジャックを愛するすべての人に読んでほしい……。そんな願いを込めて、愛犬雑誌『Ｗａｎ』編集部が制作した一冊です。

飼い主さんとジャックたちが、〝しあわせな暮らし〟を送るお手伝いができれば、これに勝る喜びはありません。

２０２３年５月

『Ｗａｎ』編集部

もくじ

PART 4

ジャック・ラッセル・テリアのお手入れ

PART 5

ジャック・ラッセル・テリアのかかりやすい病気＆栄養・食事

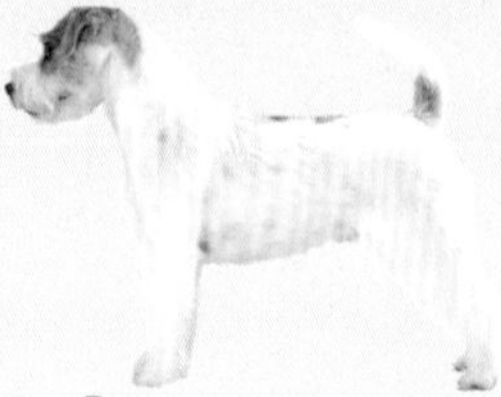

PART 6

シニア期のケア

125

※本書は、『Wan』で撮影した写真を主に使用し、掲載記事に加筆・修正して内容を再構成しております。

Part 1
ジャック・ラッセル・テリアの基礎知識

ジャックは日本でも根強い人気を誇る犬種ですが、
まだ知られていないこともたくさんあります。
まずはジャックという犬種について学びましょう。

ジャックの歴史

日本でも人気の高い犬種として定着しているジャック。現在に至るまでの歴史を、改めて確認してみましょう。

人気があるのに「正式な犬種」じゃなかった

　ジャック・ラッセル・テリアという犬種を世界でいちばん最初に作り出したジョン・ラッセル牧師は、英国において地位の高い人でした。馬、狩猟、純血犬種の繁殖など多趣味だったそうですが、ジャックはあくまで「自分が楽しむゲーム・ハンティングのために作り出した犬」だったとか。「ドッグショーで容姿を評価されると、庭に咲くバラと同じになってしまう」という考えで、作業性能（機能）を重視・追求したため、あえて英国ケネルクラブ（ＫＣ）公認の犬種にすることを拒否。権威あるＫＣへの登録がなされないまま歳月が過ぎました。

　しかしながら、狩猟犬としては英国全土でポピュラーな犬種となっていきました。つまり「人気犬種なのにＫＣ公認犬種でない」というゆがんだ状況が長く続くこととなり、そのあたりの事情がちょっと変わった犬種なのです。その後オーストラリアで正式な犬種となり、２０１６年にようやく本来の原産国である英国のＫＣでも公認されることとなりました。

ジャックの仕事は〝おびき出し〟

　ジャックを含む「テリア」と呼ばれる犬たちは、小さな害獣（ネズミや野ギツネ、ウサギなど）を駆除する仕事のために生み出された狩猟犬です。

　なかでもジャックは比較的新しいテリア。当時英国紳士が楽しんでいた、巣穴にいる害獣を穴からおびき出してそれを仕留めるという「ゲーム・ハンティング」に使われました。実際に害獣を殺すのではなく、あくまでも「おびき出す」のがメインの仕事だったのです。

「ジャックは気性が荒くて飼いづらい」わけではない

　ジャックには、英国の血統をもとに作出されたタイプと、その後オーストラリア

で改良されたタイプ（オーストラリア系）が存在しますが、現在ジャックと言えば、オーストラリア系のことを指します。

ＦＣＩ（国際畜犬連盟／日本のＪＫＣも加盟）では、オーストラリア改良原産のジャックをジャック・ラッセル・テリアのスタンダード（犬種標準）として定め、英国ＫＣはそれをもとにジャックのスタンダードを制定しました。

一般的に、オーストラリアで改良されたジャックは気質がマイルドで穏やか、穏和でやさしく多頭飼育しやすいという傾向があります。スウェーデンをはじめとする北欧のブリーダーたちもジャックの気質の改良に取り組み、ポジティブで訓練がしやすい、誰とでも仲良くできる、明るく朗らかである、という気質に重きが置かれるようになりました。

そのため、これまでいわれてきたような「凶暴・飼いづらい・初心者にはＮＧ」というようなことはなく、犬との上下関係さえきちんと築ければ、誰が飼っても（初心者であっても）楽しくジャックとの生活が過ごせるはず。むしろ丈夫で性質が良く、育てやすい面も多々あります。

２０２３年現在、イギリスではテリアグループのなかでもトップに近い人気テリアとなりました。良き家庭犬、伴侶犬として、チャールズ国王の愛犬としても人気です。

ジャックの毛質

ジャックには3種類の毛質が存在します。
それぞれの特徴を正しく理解しましょう。

毛質と掛け合わせ

ジャックには、「ラフコート」、「ブロークンコート」、「スムースコート」という3種類の毛質が存在しています。同胎の兄弟姉妹でもこの3種が生まれる場合もあります。

人気があるのはふわふわしているラフコートですが、だからと言ってこればかりを交配していると、毛質の低下につながります（やわらかすぎるラフコートは毛質が悪いため）。3世代に1回はスムースコートを交配したり、あるいはその逆もあります。ジャックの被毛には、見た目だけでなく風雨をしのいだりボディを守ったりする大事な役割があるのです。ですからどの種類であっても、硬くて質の良い毛でなければいけません。そのためには、異なる毛質を交配することは必要なプロセスだと言えるでしょう。

もちろん、見た目だけでなく、被毛の機能や皮膚の健康を理解しなければいけないことは言うまでもありません。

スムース

ビロードのように密生した、短い直毛。毛は短いが、3毛種のなかで最も抜ける量が多い。

ラフ

固い粗剛毛によるトップコートと、密なアンダーコートによる二重毛。四肢や顔の周りには豊かな飾り毛がある。

ブロークン

ラフとスムースの中間毛で、直毛。ごわごわとした粗剛毛。飾り毛はあるが、多くはない。

ジャックの理想の姿

ジャックの理想型を示す犬種標準(スタンダード)を紹介します。ドッグショーではスタンダードをもとに審査が行われるため、この基準が犬種の向上に役立っています。

サイズと理想的な比率

標準体高は25～30㎝。体高（キ甲から地面までの長さ）よりも体長がわずかに長いのが特徴です。

キ甲～肘と肘～地面が1：1になるのが理想的なバランス。ボディの長さ（ショルダーポイントから座骨端）は、体高よりわずかに長くなっています。胸囲も重要なポイントです。オーストラリアでの英文のスタンダードには「一般男性の手で両手にすっぽり入る程度」とあり、これは胸囲40～43㎝ほどになります。

この体高と体長の比率、脚の長さの比率、胸囲がジャックの犬種標準に定められた「3大黄金比率」です。

耳と頭

耳たぶがV字型に折れて垂れる「ボタンイヤー」か、頭部の側方に垂れる「ドロップイヤー」で、小さな三角耳です。耳付きは高すぎず低すぎず、平らで適度な幅があるスカル（頭蓋）に耳が付いているのが理想的で、耳の縁が目尻の高さに合うくらいのバランスが美しいとされます。ビーグルのような「ハウンドイヤー」や立ち耳は好ましくないとされています。「半立耳（セミプリックイヤー）」は許容されています。

顔

狩猟犬らしい眼光の鋭さと知性が表れている目は、アーモンド型のダークブラウン。アイラインは黒く濃いのが最良です。マズルは先細りしていません。横顔を見ると、オクシパット（後頭部）からストップ（前頭部とマズルの接続部分）までの長さよりも、ストップから鼻先までの長さのほうが短く、その比率はおよそ3：2が理想的です。

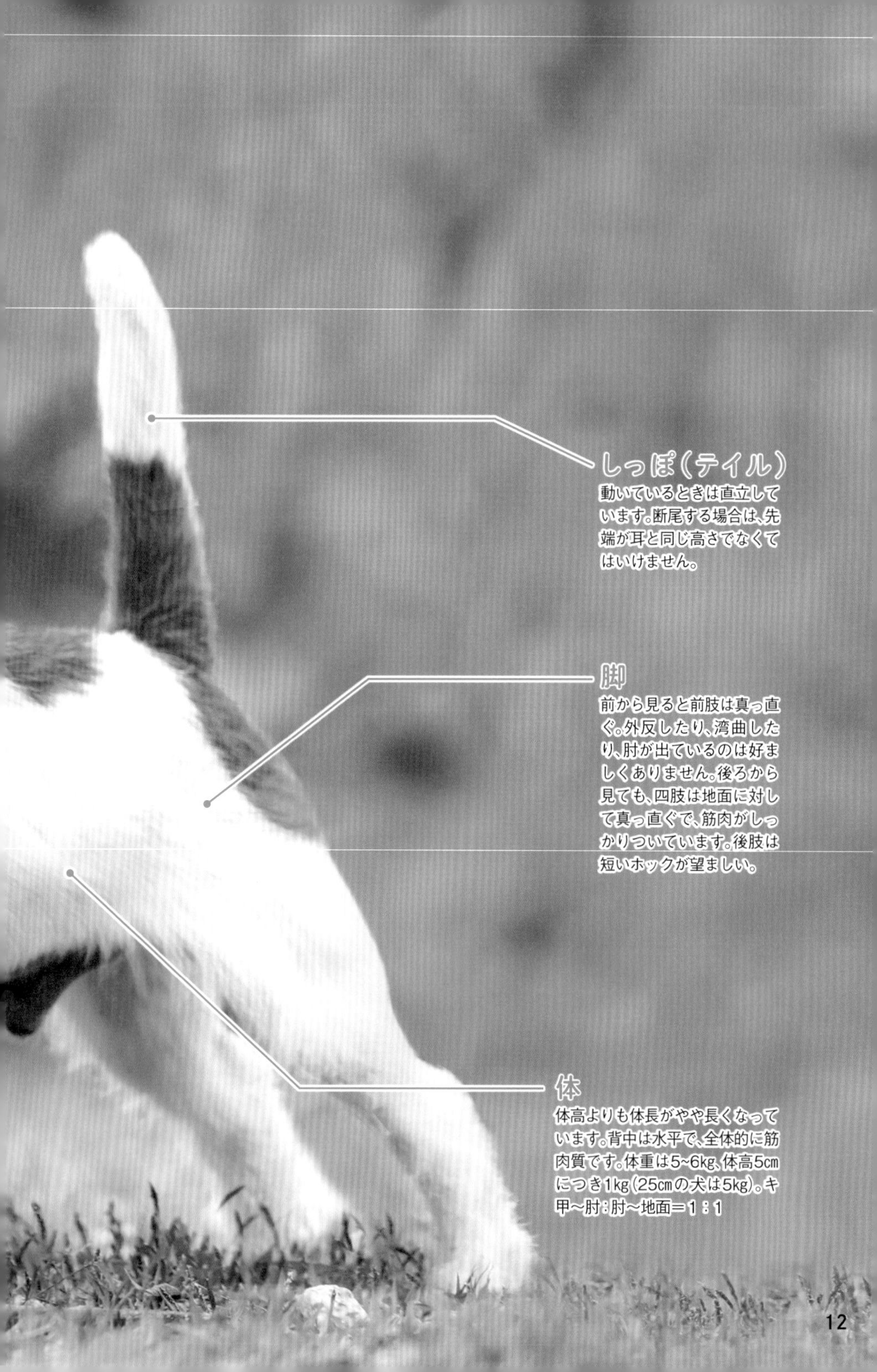

しっぽ(テイル)

動いているときは直立しています。断尾する場合は、先端が耳と同じ高さでなくてはいけません。

脚

前から見ると前肢は真っ直ぐ。外反したり、湾曲したり、肘が出ているのは好ましくありません。後ろから見ても、四肢は地面に対して真っ直ぐで、筋肉がしっかりついています。後肢は短いホックが望ましい。

体

体高よりも体長がやや長くなっています。背中は水平で、全体的に筋肉質です。体重は5~6kg、体高5㎝につき1kg(25㎝の犬は5kg)。キ甲〜肘:肘〜地面=1:1

耳
きめの細かい毛で覆われた垂れ耳。よく動きます。
目
小さくアーモンド型で、ダークな色。目の縁はブラックです。
歯
歯はシザース・バイトです。完全歯が望ましいですが、P1（第一前臼歯）の欠歯は許容されます。
首
力強くすっきりしていて、頭部をしっかりと保持することができます。
胸
幅広いというより深いのが特徴。肘の後ろの胴回りは両手で握れるくらい（約40～43㎝）。胸底と肘はほぼ同じ位置

強くしなやかで活動的バランスの良い「中脚テリア」

ジャック・ラッセル・テリアといえば、日本では「胴長・短足」のイメージではないでしょうか？　しかし、改良原産国であるオーストラリアのスタンダード（犬種標準／犬種のあるべき姿）をひもといてみると、「A strong, active, lithe working Terrier of great character with flexible body of medium length. His smart movement matches his keen expression・（強く、活動的で、しなやかな、ワーキングテリアである。知的なキャラクターと、中くらいの柔軟なボディを持つ。その無駄のない動きは、敏捷な表現と調和が取れている）」と記されています。

この「medium（中くらい）」というのが大事なポイントで、足は長くも短くもなく、ちょうどキ甲（肩の上の盛り上がった部分）の最高点から肘までの長さ：肘から地面までの長さ＝1：1で等しくあるのが理想とされています。

「胴長」についてですが、これも（真横から見たときに）極端な胴長となる長方形のスタイルではなく、体長は体高より、〝ごくわずか〟に長いというのが正しい解釈のようです。

スタンダードは、原産国の言語で書かれています。ジャックの場合は英語になるわけですが、そこに書かれている言語の意味、あるいは行間に込められた意味を正しく解釈することが、犬種を理解する際にとても重要です。

これらを踏まえた上でジャックの外見を大まかに定義づけるなら、「体高25～30cmの、しなやかで活動的な、ミディアム・スタイルのワーキング・テリア」となります。テリアには、短脚テリア（ノーフォーク・テリアやスコティッシュ・テリアなど）や長脚テリア（エアデール・テリア、ワイアー・フォックス・テリアなど）といった分類がありますが、ジャックはその中間である「中脚テリア」に分類されるでしょう。

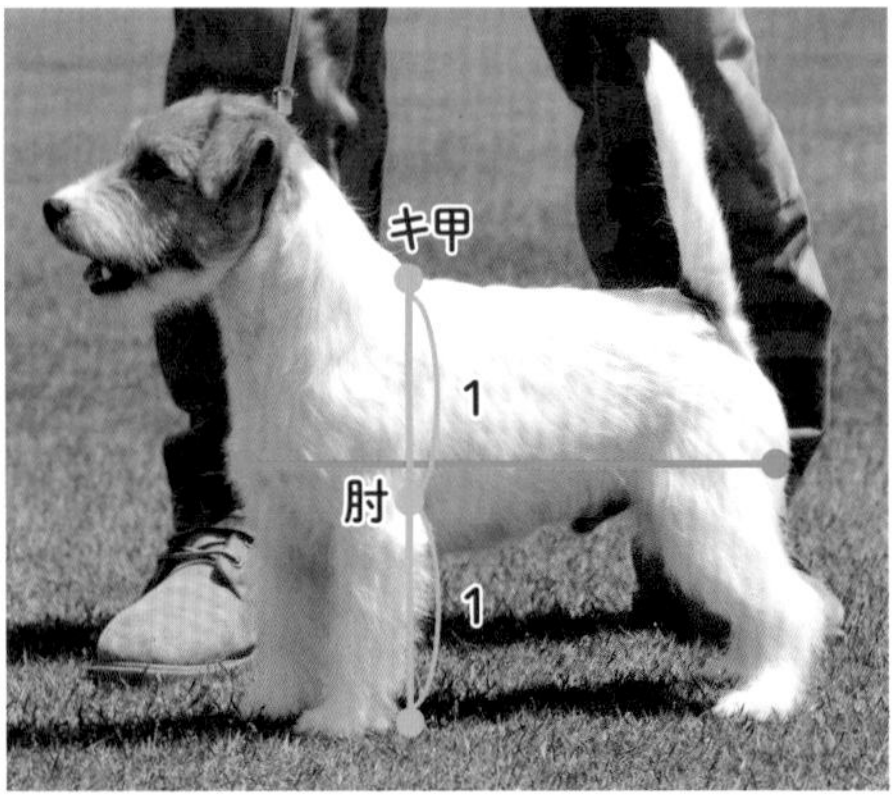

ジャックの気質

元気いっぱいで賢いジャックの気質を学びましょう。

知的好奇心や労働意欲たっぷり

ジャックは、何と言っても賢い犬種です。運動はもちろん必要ですが、体力的な運動欲求より、むしろ知的好奇心や知的欲求、労働意欲を満たしてあげることが大事なのではないでしょうか。たとえば、「マテ」、「コイ」などのコマンドをマスターさせる、食器やリードを持って来させるなど、日常のシーンで小さな仕事を与え、達成したらほめるのが大切です。

犬への厳然たる指示、それができたときにたくさんほめること、そして犬が得る達成感。この〝トライアングル〟が、ジャックの知的・労働欲求を満たし、情緒の安定した犬に育てるコツです。

性格的には、テリアならではの激しさを持つと言われますが、幼いころの環境も大きく影響します。幼犬期にまず飼い主さんとの最小規模の群れでの信頼関係を確立してから多くの人や犬とふれ合い、良いことといけないことを厳格に教え、彼らが犬であることを自覚させつつ家族の順位を理解させることで、家の中ではおっとりとした、育てやすい家庭犬になってくれるはずです。

人が犬を見ている以上に、彼らは人を観察し、どの人間が自分に甘く、どの人間には従うべきかを驚くほどよく見きわめています。ジャックは、もともと愛玩犬ではなく「仕事をする犬」。絶えず頼れるリーダーを求め、彼らに従うことを好むのです。飼い主さんは、犬にとって頼れるリーダーたる存在になれるように心がけることが重要です。

また、群れで狩猟を行っていた犬種なので、複数頭で暮らすと犬同士のリズムが芽生え、楽しく暮らせるように思います。

アジリティー、オビディエンス（服従訓練）、ドッグショー、あるいは山歩きなど、どのようなシーンにも順応して能力の高さを発揮する、愛される家庭犬です。人間が正しいリーダーとなれれば、一般家庭で非常に飼いやすいテリアだと言えるでしょう。

伴侶動物として存在を尊重する

ジャックは今や、最良のコンパニオンドッグとして世界中で人気となっています。しかし、流行犬種としてもてはやすのではなく、彼らの本質や気質、そして求めていることを正しく理解しなければなりません。彼らを赤ちゃん扱いしたり、愛玩犬扱いしたりせず、非常に高い知性と運動能力を備えた伴侶動物であることを理解して向き合うことが、ジャックを育て、ともにしあわせに暮らすいちばん大事なコツです。

ジャックコラム
1

迎えるなら成犬？　子犬？

「犬を飼うなら子犬から」という考えがまだまだ一般的ですが、
最近は保護犬などで成犬やシニア犬を
迎える動きも出てきています。

保護犬の里親探しでネックになりがちなのは、犬の年齢。成犬やシニア犬は、「子犬のほうがすぐ慣れてくれて、しつけもしやすそう」という里親希望者に敬遠されることが多いようです。

実際は、成犬やシニア犬が子犬と比べて飼いにくいということはありません。むしろ「成長後はどうなるのか」という不確定要素が少ないぶん、迎える前にイメージしやすいというメリットがあります。とくに保護犬は里親を募集するまで第三者が預かっているため、その犬の性格や健康上の注意点、くせ、好きなことと嫌いなこと（得意なことと不得意なこと）などを事前に教えてもらえるケースがほとんど。里親はそれに応じて心がまえと準備ができるので、スムーズに迎えることができるのです。

もちろん、健康トラブルを抱えた犬や体が衰えてきたシニア犬の場合は治療やケア（介護）が必要になりますし、手間やお金のかかることもあるでしょう。しかし、子犬や若く健康な犬でも突然病気になる可能性があります。老化はどんな犬でも直面する問題。保護団体（行政機関）の担当者や獣医師と相談して、適切なケアを行いながら一緒に過ごす楽しみを見つけましょう。

犬と一緒に暮らすとなると、どの年代でもその犬ならではの難しさと魅力があるものです。選択の幅を広く持ったほうが、“運命の相手”と出会える確率が上がるのではないでしょうか。

成犬は性格や好き嫌いが十分わかっていることが多いので、家族のライフスタイルや先住犬との相性など、総合的に判断できるというメリットがあります。

Part2
ジャック・ラッセル・テリアの迎え方

いよいよ「ジャックを迎えたい！」と思ったら……。
迎える準備、接し方などをチェックしましょう。

Jack Russell Terrier's Puppies

肉体的にも精神的にも大きく成長する子犬たち。
人や他犬とかかわりながら社会性を身につけて、
心身ともに健康な犬に育っていきます。

ジャックの迎え方

まずは「子犬から迎える」ケースをモデルに、ポイントを確認します。

迎える前にしっかり準備を！

ジャック・ラッセル・テリアは、喜怒哀楽の感情表現が豊かで魅力たっぷりの犬。1頭いるだけでも圧倒的な存在感を示してくれます。そして最高の家族であり、親友でもあり、パートナーとも言える存在になるでしょう。そんな1頭との出会いは、飼い主さんの人生を左右する大事な瞬間です。

だからこそ、「迎えるまでの準備期間を設けてしっかり情報収集する」ことが重要。犬種の特徴をきちんと理解し、心身ともに健康な子犬を迎えられるブリーダーやショップを探すことが、しあわせなジャック・ライフにつながります。人間の赤ちゃんは、十月十日かけて家族に迎え入れる準備をします。犬も同じで、飼い主さん自身の心と生活、身辺を整えてください。

その犬ならではの個性を楽しむ

いざ子犬が家族に加わったら、想定外のトラブルが起きることもたくさんあるでしょう。突然体調を崩すかもしれない、イタズラをするかもしれない、しつけでうまくいかないこともあるかもしれない。でもひとつの命ですから、それは当然のことなのです。そんな失敗すらも楽しんで、大切な思い出として受け入れてあげてください。何か失敗しても「ま、いっか」というおおらかな気持ちを持つのも大切です。

ジャックはとにかくパワフルというイメージがありますが、ハイパーな子もいればびっくりするくらいおとなしい子もいます。好きなことや得意なこと、苦手なこともさまざまで、まさに「十犬十色」。その子だけの個性を理解し、愛情を注いでください。

どんな人からも愛される子に育てる

犬を新たに飼うときに頭に置いておいてほしいのは、それは「いつ、何があっても愛犬がしあわせでいられるようにする」ということ。たとえば災害が起きて避難したり、事故や病気が原因で一緒に暮らせなくなることがあるかもしれません。そんなとき、愛犬がどんな家庭に引き取られても愛される子に育てるのは飼い主さんの責任です。「家族以外の人が苦手」、「ハウスに入れるとずっと吠え続ける」など、環境や人が変わったときに順応しにくい性格にしてしまったり、しつけができていないと、何かあったときに大事な愛犬を不幸にしてしまうかもしれません。必要に応じてしつけ教室やドッグトレーナーの力も借りながら、人間社会で生きていく上で必要なマナーやルールを教えるようにしてください。

子犬の迎え方

どこから迎えるのか、
どんな子を選べばいいのかを
考えてみましょう。

子犬をどこから迎える?

子犬を迎える先としては、ペットショップやブリーダー（犬舎）が思い浮かぶと思います。その犬種に特化した知識があって困ったときに頼れるという点では、やはりブリーダーから直接迎えるのが安心でしょう。

ただ、ペットショップでもブリーダーでも、「インターネットで検索して目に留まったところですぐに迎える」というのはあまりおすすめできません。可能であれば、まずは次のような場所に実際に足を運んでみてください。

- ●トリミングサロン（できればテリアのお手入れができるところ）
- ●動物病院
- ●ジャックの飼い主さんが集まるオフ会やイベント
- ●近場で開催されるドッグショー

トリマーや獣医師、愛玩動物看護師は犬のプロですし、ブリーダーとのコネクションを持っていることがあります。「ジャックを飼いたいんですが、良いブリーダーをご存じですか」と聞けば紹介してくれるかもしれません。また、オフ会に見学で参加すればジャックと暮らしている先輩飼い主さんたちにどこで迎えたかを聞き、アドバイスをもらうこともできるでしょう。さらに、ドッグショーに行けばスタンダード（その犬種の理想とされる姿）に沿った犬を見ることで犬種への理解が深まり、ブリーダーの情報も手に入ります。

「犬を飼っていないのに行っていいの？」と尻込みしてしまうかもしれませんが、まだ飼っていないからこそ信頼できる〝ナマの情報〟を自分の足で探してみてください。

子犬と良縁を結ぶために

まずは「自己分析」をしてみてください。自分の性格やライフスタイル、住環境、収入、今後の人生設計、犬との暮らしに望むことなどをリストアップすると、自分に合う犬の像が絞れてきます。家族にお年寄りや子どもがいても、飼えないわけではありません。それを踏まえてマッチする子犬を探しましょう。

同じジャックでもその個性は千差万別で、子犬選びは「お見合い」のようなもの。犬のことをよく見ているブリーダーやスタッフならその犬の性格を理解しているので、飼い主さん自身の情報を伝えればより良い〝縁結び〟ができます。

毛質や性別、毛の模様まで飼う前からこだわる人もいますが、外見的に理想の子がいたとしても相性が良いとは限りません。柔軟に〝運命の1頭〟を探してください。

自己分析チェックリスト

- □ 飼い主さん（家族）の性格はどうか
- □ 飼い主さんは活動的かインドア派か
- □ 現在のライフスタイルはどうなっているか
- □ 世帯収入はどれくらいか
- □ 家族が不在にする時間はどれくらいか
- □ 家族にお年寄りはいるか
- □ 家族に小さい子どもはいるか
- □ 今後の人生設計はどう考えているか
- □ 犬とどんな生活をしたいか

子犬が育った環境を見る

何においても「気質の良い犬を迎えること」が重要。生まれてからどんな環境で過ごしたかで、成長後の扱いやすさが異なるのです。ブリーダーの犬舎に見学に行った際は、次のことをチェックしてください。

- □犬が吠え続けてうるさくないか
- □ニオイはひどくないか
- □犬舎は清潔か
- □被毛や爪のお手入れがされているか
- □成犬たちは良い状態か
- □シニア犬はどうしているか

また、「犬が土を踏んで外で遊んでいるか」も大事なポイント。管理された衛生的な空間しか知らない犬と、大地を踏みしめて元気に走り回っている犬とでは、免疫力や筋肉の付き方に差が出ます。

ほかにも、親や兄弟姉妹とどれくらいの期間一緒に過ごしているか聞いてみるのもおすすめです。病気のことや健康管理についても、疑問に思うことはブリーダーに何でも聞いてみましょう。

迎え入れる準備

子犬を迎えることが決まったら、まずは下のアイテムをそろえましょう。

家の中の環境を整えておくのはもちろんですが、自宅周辺の動物病院やしつけ教室などの施設について調べておくことをおすすめします。とくに動物病院は、知識が豊富でスピーディーかつ適切に対応してくれる獣医師がいるのが理想。子犬が突然下痢や咳などの症状に見舞われても、適切な診断と処置をしてくれるような動物病院を探しておきたいものです。

そうした地元の情報を集めるためには、朝夕の散歩の時間に近所の公園などに出かけて、愛犬連れの飼い主さんに話を聞いてみるのも有効です。

- ☐ ケージ（サークル）
- ☐ クレート
- ☐ 犬用の食器類
- ☐ オモチャ
- ☐ フード（犬舎やショップで食べ慣れているもの）
- ☐ リードやカラー
- ☐ トイレシート
- ☐ 給水器などの飲水用グッズ

子犬が家にやってきたら

かわいい子犬を迎えたら、すぐに抱っこしたりなでたり、かまったりせず、しばらく放っておいてあげてください。いちばん避けたいのは、

先住犬がいないおうちで、家族全員が子犬の一挙手一投足をずっと見守っている状況。これは子犬にとってかなりのストレスになります。オモチャを与えて、少なくとも2週間くらいはそっとしておきましょう。かまいすぎず、視界の端に入れて見守る程度がベストです。

　2週間を過ぎてからでも、かまいすぎるのはNG。犬も知性と個性を持った存在ですから、自分だけで過ごす時間も大事なのです。とくにジャックは自立心のあるワーキングドッグなので、過保護にしないようにしてください。子犬のころにずっとかまっていると、犬は『かまって！』と要求しないと飼い主さんが喜ばない」と学習します。また、かまわれることに慣れてしまったのに、だんだん放っておかれるようになるとストレスになり、体調不良や問題行動の原因にもなりかねません。子犬のころからほど良い距離感で接してあげてください。

散歩について

　ワクチン接種が終わってからのお散歩デビューにも配慮が必要です。突然外に出しても未知の場所に困惑するだけなので、お散歩デビューしてしばらくはスリングや抱っこバッグなどに入れ、近所を散歩しながら周囲の景色や散歩コースを見せてあげましょう。飼い主さんの腕の中という安心できる場所から外の世界を見ることで、外に怖いものはないと理解するようになります。子犬が新しい環境やものに慣れるまで、気長に待ってあげてください。

　また、散歩デビューからしばらくはハーネスを使うのがベター。首輪だと、首に負担がかかって咳をしたり、発達途中の気管が損傷してしまうこともあるのです。散歩に慣れてうまく歩けるようになってから、首輪に移行するようにしてください。

しつけについて

　子犬のあいだにきちんとしつけをしておくことは、飼い主さんの義務。とくにクレートトレーニングは必須です（P40〜）。クレート内で落ち着いていられれば、動物病院に行くときや車での移動も安心ですし、災害時に避難所で生活しなければならない状況でもストレスを減らし、周囲に受け入れてもらいやすくなります。

　クレートトレーニングには、フードやおやつ、フレーバー付きのペーストを入れられる知育玩具が便利。最初は短時間中に入っていられるようにして、少しずつ時間を延ばしていきましょう。

　子犬時代のしつけや社会化は、その後の犬生をより良いものにするために欠かせません。パピーパーティー（動物病院などで子犬を集めて交流させるイベント）やしつけ教室、犬の保育園といった場所も活用してください。

食事について

最初はブリーダーの元やショップで食べていたものと同じフードを与えます。変更するときは、徐々に混ぜる量を増やすなどしましょう。

最近では毎日手作り食を与えたいという飼い主さんも多くいます。一方で、「私はほかの飼い主さんと違って、手作りしてあげられる時間の余裕がない」と悩んだり、自分を責めてしまう人も少なくないようです。

しかし、必ずしも「食事を用意するのにかけた時間＝愛情の度合いや健康状態」というわけではありません。「うちは手作り食ではないけど、できるだけこの子に合ったフードを選ぼう」というのでも十分です。飼い主さんのライフスタイルや経済状況を考えた上で、継続して与えられるものを選ぶことも大事でしょう。

多頭飼いの場合

先住犬がいるところに、新たにジャックの子犬を迎えるときにも配慮が必要です。まずは子犬をケージに入れ、先住犬に外からじっくり観察させるところからスタート。先住犬は「自分のテリトリーに侵入者（＝子犬）がやって来た」と警戒してストレスを感じるので、しばらくは一緒にさせないで様子を見てください。

先住犬が落ち着いてきたら、子犬を短時間だけサークルから出してみましょう。少ししてからまた子犬をサークルに戻して、先住犬に「新しい子が来たけど、あなたのテリトリーは守ってあげるからね」とわかってもらえれば、安心して徐々に子犬の存在を受け入れてくれるはずです。

もともとパック（群れ）で狩りをしていたジャックなので、「相手が同じパックに属している」と認識すると仲間意識が芽生えます。そのためには、できるだけ2頭一緒に散歩や外出をして、一緒に帰宅するのがいちばん。先住犬は、自分のテリトリーから一緒に外に出たり帰ってきたりするのを繰り返すことで、子犬を仲間だと認めてくれるようになります。

ジャックは協調性や帰属意識が高く、テリアのなかでもほかの犬との距離が近い犬。多頭飼育を好む犬種と言え、一度仲間と認識すれば仲良く過ごせます。2頭目以降新たにジャックを迎えるときは、先住犬と良い関係性を築けるよう、よく反応を見ながら段階的に距離を縮めていき、上手に群れのルールを教えていってください。

保護犬を迎える

保護団体や行政機関で保護された犬を迎えるのも、
選択肢のひとつ。
その注意点と具体的な迎え方を紹介します。

保護犬について知る

保護犬の特徴と
気をつけたい点を
確認します。

保護犬とは一般的に、何らかの事情で元の飼い主と離れて動物保護団体（民間ボランティア）や動物愛護センター（行政機関）に保護された犬を指します。保護犬には、健康上のトラブルを抱えていたり、警戒心が強い犬もいます。そのため、一度新しい飼い主（里親）が見つかってもうまくいかず、なかには保護団体に戻ってくるケースもあるようです。

そのようなミスマッチを防ぐためにも、各団体で定めているガイドラインに沿って慎重に里親希望者との話し合いを進めています。多くの団体では、事前に、里親希望者のライフスタイルや保護犬を飼う態勢についてヒアリング。その結果、飼育が難しいと判断したときは断ったり、当初の希望と別の犬をすすめることもあります。また、病気のケアやシニア期の介護ができるかどうかも重要です。

里親希望者には、保護犬の健康状態を伝えた上で、今後トラブルがある可能性についても説明。その後譲渡へ進みます。保護犬に限らず、犬を飼うということは何が起こるかわからないためです。「5年後10年後まで、犬にも飼い主さんにもしあわせに過ごしてほしい」というのが保護活動を行っている団体の多くが持つ思いなのです。

保護犬との生活で大事なのは、「かわいそう」ではなく「この犬と暮らしたい」と思って迎えること。あまりかまえずに、迎える犬を探すときの選択肢のひとつとして検討してみましょう。

保護犬には成犬が多いので、性質や特徴を子犬より把握しやすいというメリットがあります。

保護犬の迎え方

保護犬を迎えるための
基本の流れを
チェックしましょう。

※各段階の名称や内容は一例です。保護団体や動物愛護センターによって異なりますので、申し込む前に確認しましょう。

申し込み

保護団体や動物愛護センターで公開されている保護犬の情報を確認し、里親希望の申し込みをします。最近は、ホームページを見てメールで連絡するシステムが多いようです。

どこにどの犬種がいるかはタイミング次第なので、まずはジャックのいるところを探しましょう

審査・お見合い

メールなどでのやりとりを通じて飼育条件や経験を共有し、問題がなければ実際に保護犬に会って相性を確かめます。
犬との暮らしは、楽しいことばかりではありません。現実をしっかり見つめた上で、その子を受け入れられるかどうか、とことん考えることが大切。お見合いは、そのための情報収集の機会でもあります。

譲渡会など保護犬とふれ合えるイベントも定期的に開催されているので、その機会にお見合いをするのもおすすめです

契約・正式譲渡

トライアルを経て改めて里親希望者・団体の両方で検討し、迎えることを決めたら正式に譲渡の契約を結んで自宅に迎えます。

トライアルのための環境チェック

保護団体では、トライアル開始前に、飼育環境などのチェックを行います。これは保護犬の安全と健康を守るために大切なこと。とくに初めて犬を飼う人の場合は、気をつけておきたいことがいろいろあります。

チェック例

- [ ] **家の出入りに危険はないか（玄関から直接交通量の多い道に飛び出す可能性がないかなど）**
- [ ] **室内の階段やベランダなどの安全対策は十分か（危険なところにはゲートを付けるなど）**
- [ ] **散歩の頻度**
- [ ] **トイレのタイミングと場所**
- [ ] **留守番の時間はどのくらいか** etc

トライアル中にわからないことがあれば、譲渡元の保護団体や動物愛護センターに質問してみましょう。

トライアル

お見合いで相性が良さそうだったら、数日間〜数週間のあいだ試しに一緒に暮らしてみて、お互いの生活に支障がないかを確認します。期間は保護犬の状態に応じて変わることもあります。

保護犬を迎えるまで

里親希望者が気をつけたいポイントは次の通りです。

申し込み

里親の希望を出す前に、犬を飼った経験や飼育条件（生活環境や家族構成など）をまとめておきましょう。必ず担当者から聞かれるはずです。時には経済状況や生活スタイルの細かい点まで質問されることがありますが、里親と保護犬の快適な生活のために必要なことなので、できる限り対応してください。

また、人気のある保護犬だと複数の里親希望者が名乗り出ることがあります。そのときは団体（行政機関）側が希望者の飼育条件を元に最も適した人を選びますが、選ばれなくてもあまり気にせず「ほかにもっとぴったりの犬がいる」と思うようにしましょう。

最初の希望とは別の保護犬をすすめられることもあるかもしれませんが、それは団体や行政側が条件などを考慮した上で「この人（家庭）ならこの犬のほうが良さそう」と判断されたということ。「つねに家に人がいるなら留守番が苦手な犬でも大丈夫なのでは」などの理由があっての提案なので、柔軟に検討を。

保護犬との相性

飼育条件の確認で問題がなければ、対象の保護犬と直接会って相性を見る段階（お見合い）に移ります。その犬を預かって世話をしている預かりボランティア宅を訪問する場合もあれば、保護団体が開催する譲渡会（里親募集中の保護犬とふれ合えるイベント。主に里親探しと保護活動に関する啓発のために行う）で対面を果たす場合もあります。

初対面では保護犬は警戒していることが多く、すぐには近寄って来ないかもしれません。そういうときは無理をせず、犬のほうから近づいてくるのを待ちましょう。また、預かりボランティアや担当のスタッフから、その犬のふだんの過ごし方や病気・ケガの回復状況、飼うときの注意点などを直接聞いてみてください。

memo

先住犬がいるなら、一緒に連れて行って犬同士の相性も確認してみましょう。

保護犬を迎えてから

保護犬ならではの注意点に
配慮して、できることを
少しずつ広げていきましょう。

保護犬との生活

犬は本来適応力が高く、保護犬でもすぐ新しい環境になじむケースが少なくありません。

しかし保護犬、とくに成犬の場合は、以前飼われていた家での習慣が身についていることもあります。飼い主は自身の生活スタイルに応じて、愛犬に新しく教えたり、習慣を変えさせたりしなければならないことも。反対に、飼い主側が自分の生活スタイルをある程度愛犬に合わせなければならないこともあります。

ブリーダーやペットショップから迎える場合と同じように、犬の様子を見ながら対応することが大事です。無理のない範囲で少しずつ距離を縮めていきましょう。

新しい環境に置かれた犬はまず、危険がないか周囲を観察します。そのあいだは手を出さず、食事やトイレなど最低限の世話だけして、犬が環境に慣れて自然と寄ってくるまで放っておくようにします。どれくらいの期間で慣れるかは犬によりますが、犬自身のペースに合わせることで信頼関係が生まれます。

もし健康管理やしつけなどで壁にぶつかったら、譲り受けた保護団体や動物愛護センターに相談することも可能です。多くの団体や行政機関では、譲渡後の相談を受け付けています。その保護犬を世話していた担当者やほかの里親さんがアドバイスしてくれるはずなので、協力をあおぎましょう。

保護犬には、複雑な事情を抱えている犬もいます。しあわせにするには、周りの人と協力して犬と向き合うことがカギになります。

Part3
ジャック・ラッセル・テリアのしつけとトレーニング

かわいがるだけではなく、節度ある関係を築くのが理想的。飼い主さんと愛犬がお互い気持ち良く過ごすため、基本のしつけやトレーニングを行いましょう。

基本のトレーニング

飼い主さんと愛犬がお互い気持ち良く過ごすため、トレーニングに必要な心得を紹介します。

トレーニングの心得

愛犬とトレーニングをする上で重要なポイントです。

大切なのは「社会化」と「自制心」

飼い主さんによくあるお悩みが「興奮」「飛びつき」「吠え」「噛みつき」で、それぞれ「どう対処したらいいのだろう?」と考えがちです。しかし、そもそも考え方が違っていて、これら4つはすべてつながっているのです。「興奮」→「飛びつき」→「吠え」→「噛みつき」という風に発展していくイメージです。そして、起きてしまっていることにリアクションを起こすと、「○○したらかまってくれた」という間違った学習につながります。

こうしたお困り行動を根本的に解決するために必要なのが、「社会化」と「インパルス・コントロール（衝動的な行動を抑制する能力）」のふたつです。いずれも生活でちょっとしたことを意識するだけで、成犬になっても育むことができます。

トレーニングの基本は「報酬ベース」

トレーニングを効率的に進めるためにも、「報酬」（食べ物）は欠かせません。なぜなら、ほめられて「報酬」をもらえるほうが、「心のブレーキ」がかかりやすくなるから。好ましくない行動を我慢させるよりも、「ほめられた行動をとろう」という意識にさせるほうが簡単なのです。

人との生活をする上でのルールを決め、どういう行動を求めているのか、こういうときはどうふるまうべきなのかといったことを教えてあげてください。

飼い主さんの気持ちの伝え方

愛犬にしてほしいことを、正しく伝えることが大切です。

犬は、自分の行動に対して飼い主さんの反応があるかどうかでその是非を判断しています。大切なのは、飼い主さんが「やってほしい」という気持ちを伝えること。たとえば飛びついてしまう犬には、飛びつきを「やめさせたい」のではなく、落ち着いてオスワリや伏せをしていることが「やってほしいこと」であると考えます。この場合は、犬がオスワリや伏せをしているときに「報酬」を与えれば、「やってほしいこと」として覚えるのです。逆に、飛びついたときに「報酬」をもらえなければ、犬は「やってほしくないこと」として学習します。

何気ない日常の一場面。犬が落ち着いて過ごせているのに、飼い主さんは無反応です。これは犬にとって「落ち着いていたら飼い主さんはかまってくれない＝だから何かしなくちゃ！」という間違った学習のもとです。

顔周りをわしゃわしゃなで回しながらほめるのは逆効果。かえって興奮させてしまう上に、「くつろいでいたのに......」と嫌なイメージを与えてしまいます。ほめ方は要注意。

あくまで愛犬のリラックスタイムを邪魔しない程度で、やさしくゆっくりなでてほめます。

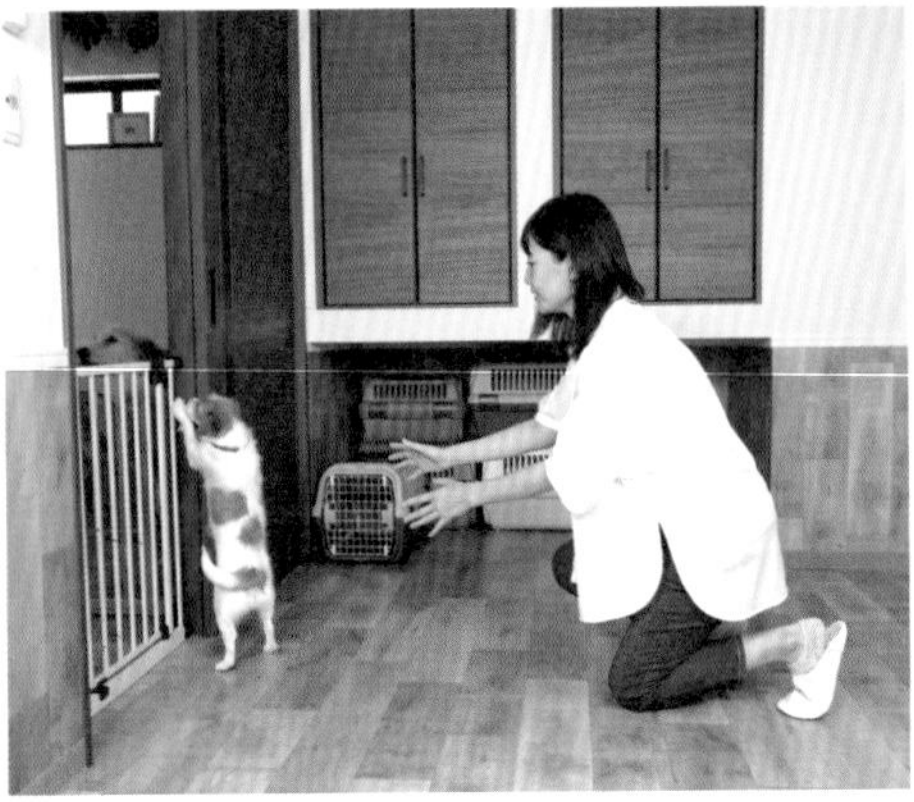

愛犬が好ましくない行動をとっているとき、言葉や行動で止めようとするのは避けましょう（周囲や愛犬に危害が及ぶ状況をのぞく）。これは「飼い主さんがリアクションしてくれた！」ということになり、同じことをすればまた飼い主さんがかまってくれると勘違いします。

スキンシップのポイント

スキンシップの隠されたワナに要注意です。

抱っこひとつをとっても、日ごろの接し方が「依存体質」になるかどうかを左右します。まず、犬のほうから飼い主さんに寄ってきて抱っこをせがむのは、言うなれば「能動的」です。逆に犬が飼い主さんにかまわれるのを待っているのは「受動的」。どちらかに偏りすぎると、犬と飼い主さんそれぞれの自立心が育たず、「依存」が強くなり、「分離不安」を引き起こしかねません。あまりにも飼い主さんからの愛情表現が不足していると、犬は「自分から動かないと愛情がもらえない」と間違った認識をして、落ち着きのない子になってしまう恐れもあります。

こんな風に犬から飼い主さんに寄ってきたところを抱っこするのが「能動的」。犬にとっては「自分が動くことで飼い主さんから愛情を受け取っている」という状態です。

ときどき、タイミングを見て飼い主さんから愛犬に近寄り、抱っこなど愛犬が喜ぶ（＝愛情を感じる）行動をとってあげましょう。これが「受動的」で、犬から見れば「飼い主さんから自発的に愛情を伝えてくれた（それを受け取った）」という状態です。

「社会化」とは

愛犬が「社会化」できるようになるには、どうすれば良いのでしょうか。

このように、犬が自分のお尻を飼い主さんにくっつけて休んでいるのは「愛情充電中」の状態。ふれていないと落ち着かないのです。“コードレス”でお互い自由にいられる状態を目指しましょう。

その犬が何に不慣れで、何に怯えるのかは、「犬がその対象を目で追うかどうか」である程度判断できます。日常に当たり前にあるものを、わざわざ見ることはないからです。通行人や犬、自転車など、「見ている」時点でその犬にとって「確認しなければならない存在」ということ。それが吠えや跳びつき、噛みつきにつながっていきます。

まずは、「犬が見たらほめる」ことを心がけましょう。ほめておやつを与えることで、意識が飼い主さんに向きます。習慣化すると、「飼い主さん、あそこに人がいる！」というように、まず飼い主さんに報告するようになります。

愛犬が何かを見つめたら、すかさず「Good」などと声をかけ、食べ物を与えます。クリッカーを合図の道具として使うのも有効です。

室内にいるとき、もしくは散歩中、「愛犬が何かを発見して、じっと見つめたかと思ったら吠えた」という経験がある人は多いのでは。先読みして、愛犬の意識をそらすようにしましょう。

「見たらほめる」を繰り返すと、気持ちのベクトルが飼い主さんに向くだけでなく、たとえば「〇〇を見たら食べ物がもらえた！」というように、見た対象への好感度が上がるという効果も。

おうちで呼び戻しゲーム

愛犬に成功体験を積ませてあげることが習得のカギです。

「呼び戻しができなくて……」という飼い主さんは、まず「必ず成功する距離」からスタートして、成功体験を積ませてあげましょう。家の中で2人以上が愛犬を呼ぶ「呼び戻しゲーム」をするのがおすすめです。最初はかなり近い距離から始め、徐々に距離を延ばしていきます。3人以上で呼んでもかまいません。

　室内でできたからといって、すぐに屋外で完ぺきにできるようにはなりません。室内でできるようになったらまずは玄関先や庭でチャレンジしてみましょう。公園でロングリードをつけて練習するのもおすすめです。

　また、呼んで戻ってきてもしかられたり、苦手なお手入れをされたりと、犬にとって嫌なことが起きてしまうと身につきません。呼んだらごほうびを与えて、「いいことがある」と学習させましょう。

食べ物を与えるときは、できるだけ近くで。手を伸ばして与えるとそこまでしか来なくなります。いざというとき首輪・リードを着けられるくらいの距離まで来てもらいましょう。

まずは２人がそれほど離れずにスタンバイ。どちらかがワンコの名前を呼んで、来たらごほうびを与えます。

もう1人がワンコの名前を呼びます。自分のところにやって来たら、ほめてごほうびを与えます。

クリアできるようになったら、少しずつ2人が離れていきましょう。2人がワンコの名前を繰り返し呼び合います。慣れてきたら、台所とリビングなど離れた場所に2人がいる状態でもチャレンジしてみましょう。

クレートトレーニング

必ずマスターしなければならないトレーニングです。
クレートの中で落ち着いていられるように練習しましょう。

1

クレートの中に、愛犬の気を引けるものを入れて誘導します。その子が好きなものなら、おやつでもオモチャでも構いません。

2

勝手に出てこないよう、クレートの中でマテのコマンドを出します。

3

上手にマテができたら、ほめてごほうびを与えましょう。最初は短い時間から始め、徐々にマテの時間を延ばしていきます。

4

クレートの扉を閉め、そのまま待機させます。

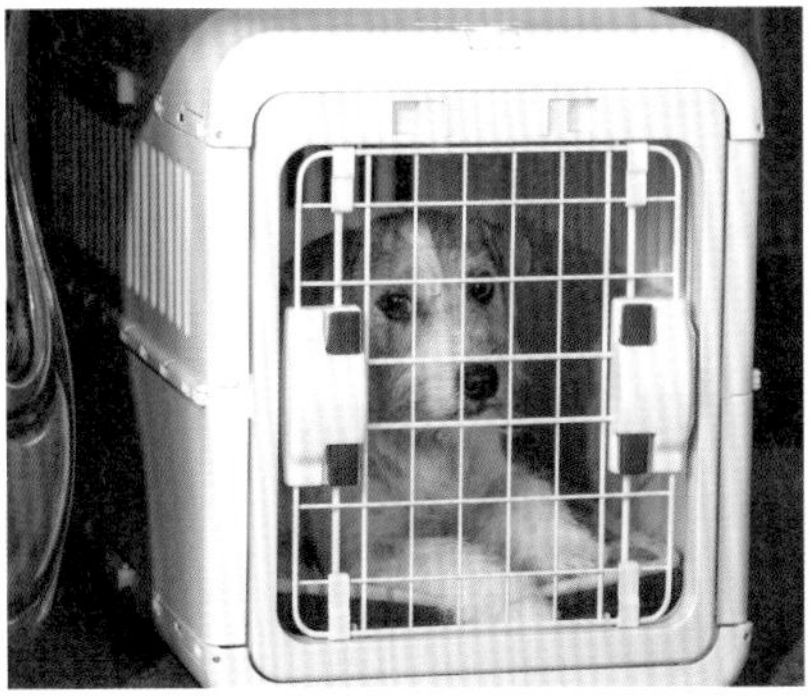

5

最初は「出して」と吠えたり鳴いたりするかもしれません。しかし、ここで出すと「吠えれば／鳴けば外に出してもらえる」と学習してしまいます。ある程度は無視をして、諦めておとなしくなるまで待ちましょう。

6

布をかけるなどして、周囲の気配や音を遮断するのも手です。こうすることで、中にいる犬が落ち着きやすくなります。

散歩のトレーニング

ジャックを満足させることができる、効率的かつ効果的な
散歩の方法を紹介します。

「何が刺激になるか」を理解して

ジャック・ラッセル・テリアはエネルギッシュな犬種なので、つねに自分のやるべきこと（仕事）を探しています。毎日の散歩でも同じコースをただ歩くより、「飼い主さんと歩調を合わせる」などの〝仕事〟を意識させてみましょう。遊ぶときも、場所や考え方を変えると新しい刺激を感じて満足しやすくなるはずです。

散歩の3つのポイント

①「飼い主さんと一緒」を意識

自由に走り回らせるより、行動をコントロールします。これにより犬自身に「飼い主さんに合わせたい」と思わせれば、犬の気持ちが満たされ、心地良い疲れを与えることができます。

②オモチャの遊び方に変化を

定番の「モッテコイ」も、場所を変えたり飼い主さんも一緒に追いかけるなどの工夫を加えると、喜びが増します。

③ 嗅覚を使ったトレーニング

空気中に漂うニオイを探る“サーチング”は、嗅覚を鍛える良いトレーニング。五感が鋭くなると、脳にも良い刺激を与えられます。

〈正しい散歩スタイル〉

基本の歩き方

まずはリーシュの持ち方や体勢、飼い主さんがリードする歩き方などを確認しましょう。

※ここでは、リードのことをリーシュ（馬の手綱の意味）と表記しています。

右手はリーシュの端の輪に手を通して握り、離さないようしっかりキープ。

左手はリーシュにそっと添えて、犬との距離に応じて長さを調節します。

リーシュが張った状態で犬が急に走ると、とっさに引っ張ってケガにつながることも。リーシュの長さを調節しつつ、犬が自分で止まるのを待ちましょう。

リーシュがピンと張っていて、犬が自由に動けない状態。片手だけで持っているので長さの調整がしづらく、万が一手から離してしまったときも危険です。

一緒に歩くことを意識させる

リーシュの長さは、
自由度が高い
180cm程度のものが
おすすめです。

1 普通に歩いていて、飼い主さんが立ち止まります。そのまま動かず、犬が振り返って飼い主さんにアテンション（注意）を向けるのを待ちましょう。リーシュは引っ張らないようにします。

2 犬とアイコンタクトがとれたら、再び歩き出します。これを繰り返すと、「飼い主さんの様子をもっと気にしたい」と、犬の意識が高まります。

memo

再び歩き出すときに、
止まってくれたことを
ほめましょう。

「モッテコイ」を楽しむ

投げたオモチャなどを取りに行かせる遊びです。

〈基本のモッテコイ〉

1 広場などでオモチャ（ほかのものでも可）を用意し、最初に犬とアイコンタクトをとります。

2 オモチャを投げて「テイク」などコマンドを出し、さらに犬と一緒にそこへ向かって走り出します。

3 犬がオモチャを取って戻ったら、しっかりほめた上で口から離させましょう。

〈場所を変える〉

1 場所を変えて変化をつけましょう。草むらなど、オモチャが見えにくくなるところだと難易度が上がります。

犬がオモチャを口から離さないとき、無理に奪おうとするのはNG。「ドロップ」など、自分から離すコマンドを教えておくと、誤飲・誤食の予防にも有効です。

2　犬がオモチャを探しているときは、草や落ちているものを飲み込まないよう注意して見守りましょう。

3　オモチャを持って来たらほめてあげましょう。

memo

階段などもおすすめの場所。状況を確認し、落ちているものを取りのぞいておくと安心です。

サーチング

遊びながら嗅覚のトレーニングをしましょう。

〈サーチングの初歩〉

1　フードを5～6個ほど用意し、少し離して地面に置いていきます。1個を残して、平坦な地面に少し離して配置します。

memo

その場に置くと、地面に飼い主さんのニオイが残ってしまいます。軽く投げるイメージで置きましょう。

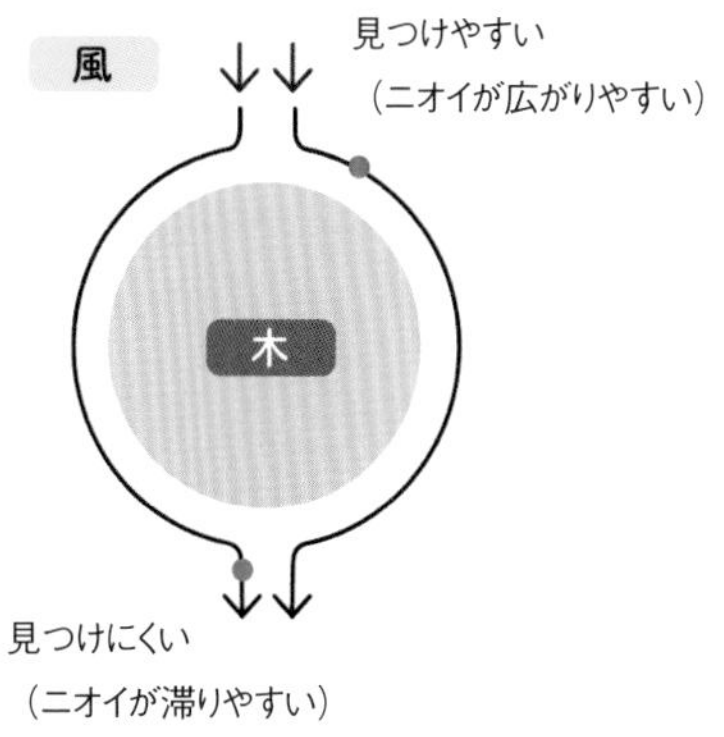

2　1個だけ木の根元に置いて変化をつけます。

3　フードを置いた地点より風下（ニオイが広がりやすい）からスタート。まずは、犬とアイコンタクトをとってゲームの流れを作ります。

4　続けて、手でフードの方向を示して「サーチ」と声をかけます。犬が手で示したほうへ行くまで、何度か繰り返します。

5　犬がニオイを嗅ぎ始めたら、飼い主さんは邪魔しないよう静かについていきます。

memo

ニオイは地表に漂っているので、地面すれすれを嗅ぐ形になります。

6 フードを発見できたらほめて、次へ向かわせましょう。

7 犬がフードの位置がわからないようなら、一度手で方角を示します。最終的に木の根元のフードまで見つけられるようにサポートしましょう。

〈難易度を上げる〉

1 慣れてきたら、いろいろなシチュエーションに挑戦。ここでは高低差を利用して、ベンチの上にフードを置きます。

memo

繰り返すことで嗅覚の使い方を理解してくるので、距離を伸ばすなどレベルを上げていきましょう。

2 揮発しない(空気中に広がりにくい)ニオイは下に落ちるので、まずベンチ付近の地面を嗅いで場所を確かめようとするはずです。

3 ベンチ下方周辺をチェックしながらニオイの流れを察知し、最終的に上にあるフードを見つけることができました。

memo

最初は犬の体高の高さからスタートし、徐々に高くしましょう。

4 見つけられたら、ほめてフードを食べさせます。

〈フードを隠す〉

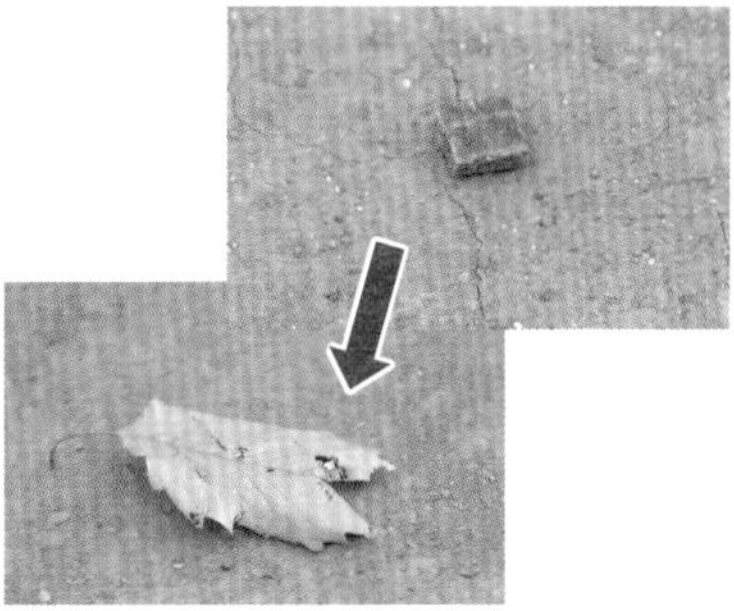

1 地面にフードを置き、落ち葉をかぶせます。

2 室内飼いの犬は視覚に頼って生活しがちなので、見えないようにするだけで意外と探しにくくなるもの。フードからあまり離れないよう誘導しながら、根気強く待ちましょう。

3 フードを見つけられたらほめてあげましょう。場所がわかったようなら、落ち葉は飼い主さんが取りのぞいてもOK。

犬が探しているときには、飼い主さんは犬から一定の距離を保ちましょう。フードと飼い主さんのニオイが混在すると、犬の独立心や探索意欲を弱めてしまいます。

問題行動の解決方法

誤食や破壊などの困った行動を見せる場合は、どのように対応したらよいのでしょうか。

ジャックの特性を理解し欲求を満たすことがカギ

人間にとっては問題と感じる犬の行動も、本能によるものだったり、正当な理由があるものがほとんど。無理に押さえつけるのではなく、それぞれの理由を見きわめた上で適切な対応をすることが重要です。

なかでもジャック・ラッセル・テリアはもともと獲物を追い立てる狩猟犬だったため、好奇心や行動力、エネルギーがひときわ強い犬種。運動や刺激への欲求が十分に満たされないと気になる行動につながりやすいので、ふだんの生活から気をつけてあげてください。

〈問題行動への対処　フローチャート〉

気になる行動を発見

問題行動が見られたら、まずその理由を探りましょう。

観察して行動の理由を見きわめる

同じような行動でも、理由はさまざま。行動を起こす前後の愛犬の様子や環境などの要素も検討しなければ、正しい理由はわかりません。難しい場合は、行動診療のできる獣医師や、犬の行動原理に詳しいドッグトレーナーに相談するのがおすすめ。病気による痛みが原因の場合もあるので、念のため動物病院にも行きましょう。

理由に応じた解決策を実践

ほとんどの場合は、次の2つの方向からアプローチして対応します。

①原因となった欲求不満などのストレスの解消

②トラブルになりにくい行動への修正

完全に原因を取りのぞくことが難しいときは、欲求を満たしたりストレスを解消しつつ、代わりに危険の少ない行動をさせることも有効な手段です。

（例：家具をかじる→噛んで遊べるオモチャを与える）

原因に対処するのと同時に、その行動を起こさせないための回避策も行うと安心です

問題行動の傾向とポイント

ジャックに多い問題行動の、
代表的な理由と気をつけたい
ポイントを紹介します。

拾い食い・誤食

拾い食いは、空腹だけが理由で起こるわけではありません。犬にとって、気になるものを発見したら口に入れて確認するのは自然な行動。このとき飼い主さんが「食べちゃダメ！」とくわえているものを無理矢理取ろうとすると、奪われまいとして飲み込んでしまうのです。

予防策としては、「ドロップ」など口のものを離すコマンドを教えておくのがおすすめです。また、飼い主さんが過剰に反応すると「こうすればかまってくれる」と学習し同じことを繰り返すようになるので、淡々と対応しましょう。

とりあえず拾い食いを避けたいときは、愛犬が口に入れそうなものを散歩コースや室内（愛犬の生活圏内）から取りのぞく回避策も有効です。ただ、回避を続けているとストレスがたまって別の問題行動として現れる可能性があるので要注意。獣医師など犬のプロに相談して理由を確認し、根本的な解決を図らなければいけません。

主な理由

- ☐ 食欲（ふだんの食事で満足できていない）
- ☐ 捕食欲求（食事の与えられ方や遊びなどに満足できていない）
- ☐ 口の中のものを取り上げられたくなくて飲み込む
- ☐ 飼い主さんにかまってほしい
- ☐ その他（口の中にものを入れていないと不安など）

散歩中にリードを引っ張る

ジャックは好奇心旺盛で行動力があるため、興味を引くものがあればすぐにそちらに飛んで行ってしまいがちです。散歩中もそれは変わらないので、飼い主さんからは「リードを引っ張って勝手な方向へ行こうとする」ように見えるのです。

犬にとってはリードを着けていてもいなくても同じように行動しているだけなので、「引っ張らないで！」としかられてもよくわかりません。飼い主さんのほうでリードを強く引き返すのも、犬の反発を招いてしまい逆効果。散歩中に一定の頻度でアイコンタクトをとったりおやつを与えるなどして、「飼い主さんと歩くことが楽しい」と思わせることが大事です。散歩中の歩き方については、P42～も参考にしてください。

主な理由

- □ 散歩コースで気になるものを見つけた
- □ ほかの犬や猫、人に反応した

ものを破壊する いたずらする

家具をかじって破壊するなどの行動が多い犬がいたとします。単純にものをかじるのが好きなだけなら、その欲求を満たすオモチャを与えれば解決することがあります。食べ物を求めての行動なら、食事の量や与え方を見直すのが有効でしょう。

注意が必要なのは、何らかの欲求不満（運動不足や飼い主さんによる問題への無理な介入など）を抱えてイライラしているケース。この場合は、原因を突き止めて取りのぞかないと解決に至りません。「かじられて困るものを遠ざける」、「クレートに入れる」といった回避策もありますが、拾い食いと同様にそのせいで余計にストレスがたまり、ほかの問題行動につながる心配もあります。必ず「原因探し→対処」とセットで行いましょう。

なかには、飼い主さんにかまってほしくて破壊行動に出る犬もいます。家具の破壊現場を見たときにしかったり大きな声を出すと、犬にとっては「飼い主さんがかまってくれた」ことになってしまいます。慌てず騒がず、落ち着いた態度で片づけてください。

主な理由

- □ ものをかじるのが好き
- □ 食べ物を獲得するため
（フードの入っている棚などを対象とする場合）
- □ イライラや退屈を発散させたい
- □ 飼い主さんにかまってほしい

ほかの犬に攻撃的な態度を取る

狩猟犬としてキツネやアナグマなどを追い立てていた歴史を持つジャック・ラッセル・テリアは、今でもその習性が残っています。なかにはチワワやトイ・プードルといった小型犬を〝獲物〟だと思って（もしくは単に動くものに反応して）吠えたり追いかけたりするジャックもいるようです。

もし愛犬にそのような行動が見られたら、無理にほかの犬と交流させないことがいちばんかもしれません。散歩やドッグランなどでほかの犬を避けつつ適度な運動や刺激でジャックの本能を満足させれば、攻撃的にならないようコントロールできる確率は高いはずです。

もちろん本能ではなく、ほかの原因（運動不足や拾い食い・ものをかじる行動の我慢など）によるイライラ、または恐怖や不安を感じたせいで攻撃的になるケースもあります。うまくコントロールできない場合は、専門家に相談しながら原因を探って対処しましょう。

主な理由

- □ 本能によるもの（ほかの犬を獲物だと思う）
- □ 動くものに反応している
- □ イライラや退屈を発散させたい
- □ 相手の犬に恐怖や不安を感じる

アジリティーの練習

練習しながら遊んで、ジャックとの絆を深めてみましょう!

アジリティーとは

アクティブな犬種におすすめのドッグスポーツです。

どんな競技?

人（指導手）と犬がペアで参加し、コースに並べられた障害を決められた順番通りに、かつ設定時間内にクリアする競技です。コース設計は毎回違うため、指導手が効率の良い動きを考えて上手に指示を出せること、犬が素早く指示に応えられることが勝負の決め手です。

使われる障害は、次からのページで紹介している9種類。競技は、スモール（体高35cm未満）・ミディアム（35～43cm未満）・インターミディエイト（43～48cm未満）・ラージ（48cm以上）の4つのカテゴリーに分けて行われ、カテゴリーごとに障害の高さなどが変わります。

一度遊ぶとやめられない!

アジリティーは、飼い主さんと愛犬の共同作業です。人が作戦を立て、犬が動く。息の合ったペアになるためには、日ごろの練習が必要です。

活発なワンコにとって、アジリティーは最高の遊びのひとつです。思いきり体を動かせるし、飼い主さんの注目もひとりじめ。さらに、ごほうびのおやつをもらえるチャンスまで激増するのですから。

楽しみながら練習を重ねると、自然に愛犬との信頼感が深まり、日ごろの意思の疎通もスムーズになるかもしれません。しかし、飼い主さんにとってアジリティーのいちばんの魅力は、全力で走る愛犬のかわいくてかっこいい姿を見られることではないでしょうか。

使われる障害

障害の高さなどは、すべて
スモールカテゴリーの場合です。

トンネル

直径60cm、長さ3～6mの、真っ直ぐな、またはカーブしたトンネルを通り抜ける。

ドッグウォーク

高さ1.2～1.3m、幅30cm、長さ3.6～3.8mの板3枚を組み合わせた通路の上を歩く。

ハードル

高さ25～30cmのバーを飛び越える。競技では数台のハードルを続けて飛ぶ。

Aフレーム

頂点の高さ170cm、長さ2.65～2.75mの板を上って降りる。

スラローム

真っ直ぐに並べられた12本のポールのあいだを、ジグザグに通り抜ける。

シーソー

支点までの高さ60cm、幅30cm、長さ3.6～3.8mのシーソーを上って降りる。

タイヤ

直径45～60cm、開口部中心までの高さ55cmのタイヤをジャンプしてくぐる。

ウォール

高さ25～30cmの壁を、上部のドーム状のパーツを落とさずに飛び越える。

ロングジャンプ

高さの違う2台の障害を並べて、40～50cm幅にしたものを飛び越える。

アジリティーの練習時は、
荷造り用の軽いヒモを
リード代わりにするのが
おすすめです。
必ず周囲の安全を
確認して行います。
許可されている場所以外では、
リードを放さないように
しましょう

トンネル

長いトンネルの中を
駆け抜ける競技です。

1

①トンネルは短くしておく。
②協力者（ドッグトレーナーなど）と犬はスタート側へ。ゴール側から飼い主さんが呼び、リードを離して犬をトンネルの中へ。出てきたら、飼い主さんがほめておやつ（ごほうび）を与える。

2

①飼い主さんと犬はスタート側へ。ゴール側におやつを置く。
②「トンネル」とコマンドを出してリードを離し、飼い主さんはトンネルの横を走ってゴール側へ。
③犬が出てきたら、飼い主さんがおやつを与える。

3

①トンネルの長さを少しずつ伸ばし、2と同様に。
②トンネルをカーブさせ、2と同様に。

ハードル

最初はバーを地面に
置いて練習します。

1

①バーをウイング(左右のバーを支えるパーツ) のあいだの地面に置く。
②飼い主さんがバーをまたぎ、おやつで誘導して犬にもまたがせる。
③飼い主さんと犬はスタート側へ。ゴール側におやつを置く。
④飼い主さんが「ゴー」とコマンドを出し、リードを持ったまま走る。飼い主さんはウイングの外側を通る。バーを越えたらおやつを与える。

2

①協力者と犬はスタート側で待機。ゴール側の離れた場所から飼い主さんが呼んだら、リードを放す。バーを越えたらおやつを与える。
②スタート側で犬に「オスワリ」と「マテ」をさせてから、同様に飼い主さんが呼んでリードを放す。バーを越えたらおやつを与える。

3

①ゴール側におやつを置かず、飼い主さんと犬はスタート側へ。コマンドを出すと同時にリードを放して走り、バーを越えたら飼い主さんがおやつを与える。
②バーの高さを上げていく。

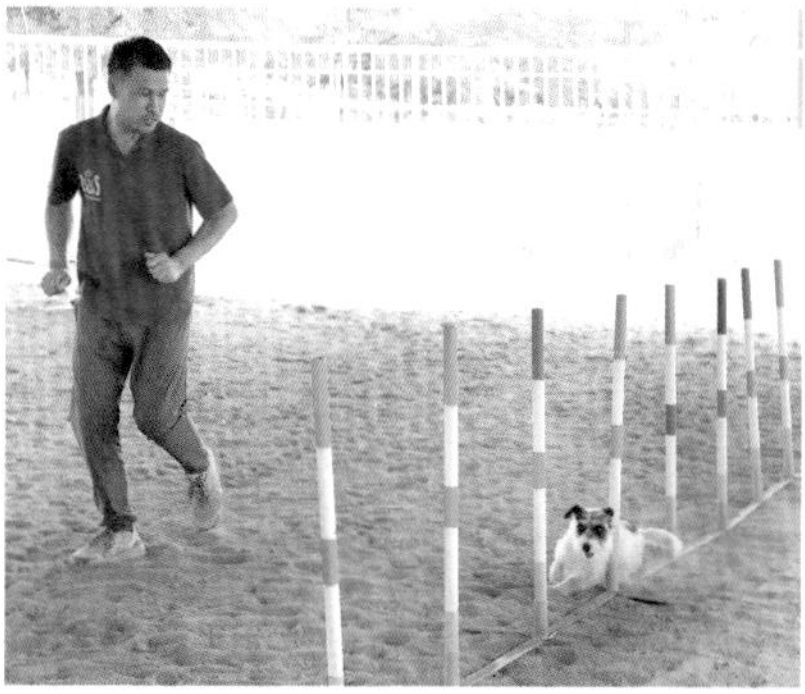

スラローム

別名「ウィービング・ポール」ともいわれる競技です。

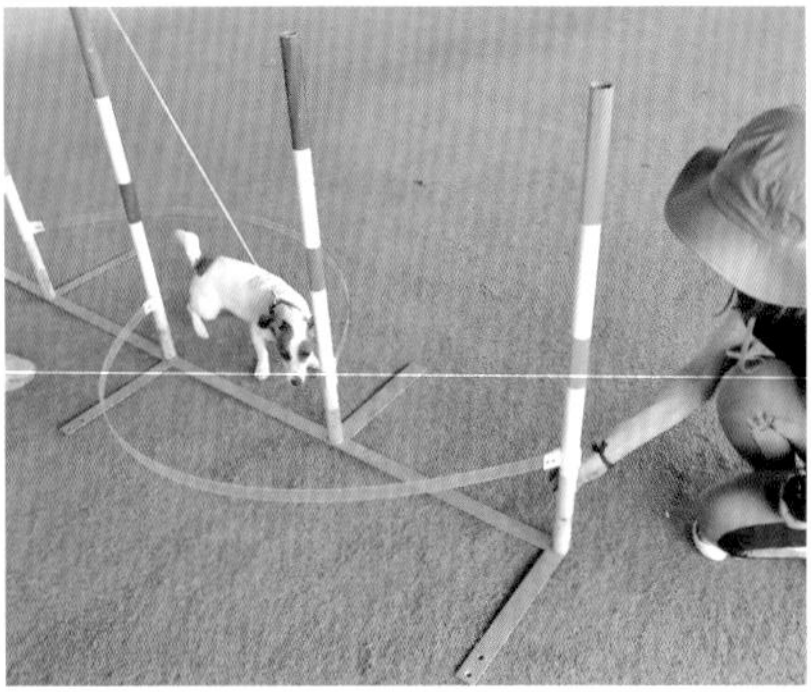

1

①ポールを5～6本並べ、ルートの目安となる「ガード」を付ける。
②協力者と犬はスタート側へ。ゴール側で飼い主さんが犬を呼び、リードで誘導しながらポールとガードのあいだを通らせる。できたら飼い主さんがおやつを与える。
③飼い主さんと犬はスタート側へ。ゴール側におやつを置く。
④飼い主さんが「スルー」とコマンドを出し、同様にポールとガードのあいだを通らせる。

2

①ガードを外し、協力者と犬はスタート側へ。「スルー」とコマンドを出し、ポールとガードのあいだを通らせる。
②ゴール側におやつを置かず、飼い主さんがリードを持って、同様にポールとガードのあいだを通らせる。

3

リードを外して2と同様に。

タイヤ

飼い主さんがタイミング良く
リードを離すことも大切です。

1

①協力者と犬はスタート側へ。飼い主さんがゴール側からタイヤに腕を入れ、おやつで犬を誘導。タイヤを越えたらおやつを与える。

②飼い主さんとタイヤの距離を少しずつ離して、同様に犬を誘導し、できたらおやつを与える。

2

飼い主さんと犬はスタート側、タイヤのすぐ近くへ。ゴール側におやつを置く。

3

①飼い主さんが「タイヤ」とコマンドを出し、リードを離してタイヤの横を走る。タイヤを飛べたらおやつを与える。

②スタート地点を、タイヤから少しずつ離していく。

Aフレーム

山状の板を
上って降りる競技です。

1

①降りる練習をする。協力者がリードを持ち、ゴールから2 ～ 3m手前に犬を乗せる。

②ゴール側から飼い主さんが呼び、リードで誘導して降りる。できたらおやつを与える。

③ゴールまでの距離を少しずつ伸ばしていく。

2

①スタート側（上る側）の頂点より少し手前に犬を乗せ、ゴール側から飼い主さんが呼び、リードで誘導して降りる。できたらおやつを与える。

②上る練習をする。少し離れたところからスタートし、フレームに上る直前に「アップ」とコマンドを出す。ゴール側で飼い主さんがおやつを与える。

3

飼い主さんがリードを持って、1～2と同様に上り降りを練習する。

シーソー

シーソーの音に慣らすため、
最初はおやつを与えます。

1

①板が地面につくときの音を聞かせ、すぐにおやつを与える。

②降りる練習をする。ゴール側を地面につけた状態で、ゴールから2～3m手前に犬を乗せ、おやつで地面まで誘導する。少しずつ距離を伸ばす。

③ゴール側を少し浮かして押さえて同様に。犬がシーソーに乗ったら手を放し、板の揺れや地面についたときの音に慣らす。

2

上る練習をする。スタート側を地面につけてシーソーを押さえ、リードで誘導して上らせる。ゴール側まで上ったらおやつを与えて抱っこで降ろす。

3

①2と同様に上らせ、シーソーの中間点（支点）でおやつを与える。その場でUターンさせ、スタート側から降りる。

②同様に上らせ、シーソーの手前で「アップ」とコマンドを出す。中間点を過ぎたあたりからゆっくりと板を降ろす。

Part4

ジャック・ラッセル・テリアのお手入れ

ジャック・ラッセル・テリアらしい被毛をキープするためには、
日々のお手入れが欠かせません。こまめなケアと
定期的なトリミングを心がけましょう。

お手入れの基本

愛犬の美と健康を守るため、テリアに適した正しいお手入れのテクニックをマスターしましょう。

ジャックらしい被毛とは？

もともと猟犬として野山に分け入っていたジャック・ラッセル・テリア。その被毛は、風雨から身を守るために「全天候型（どんな気候にも耐えられる丈夫なタイプ）」でなければならないとされています。「ラフコート」、「ブロークンコート」、「スムースコート」という3タイプの毛質がありますが、どれもウォータープルーフで、硬くて厚みがあるのが理想的。被毛を良い状態にキープするために必要なのが、トリミング・ナイフを使ったテリアならではのお手入れです。

ジャックの被毛は、太くて硬いオーバーコート（上毛）と、細くてやわらかいアンダーコート（下毛）の二重構造。トリミング・ナイフで不要なアンダーコートを取りのぞくことを「レーキング」、オーバーコートのうち表面に浮いてきた不要な毛を抜くことを「プラッキング」と言います。

被毛のコンディションは、手間をかければかけるほど良くなるので、最低でも1か月に1度はプロのトリマーによるプラッキングやカットをするのがベストでしょう。次の来店までのあいだに自宅でレーキングをしておくと、ジャックらしい厚くて質の良い被毛の層が作りやすくなります。

シャンプーはほどほどに

ジャックの場合、全身のシャンプーは汚れが目立つときだけでOK。あまり頻繁に洗いすぎると、皮脂を取りすぎたり、毛がふわっと浮いてきてしまうからです。足やお腹、口ひげの被毛については、汚れが気になったら部分洗いをしましょう。基本的にはシャンプーのみでかまいませんが、被毛がパサついていたらコンディショナーなども使ってください。軽い汚れであれば、ブラッシングして汚れを落としてからアルコールフリーのウェットティッシュなどでふき取るだけで十分です。

ブラッシング

こまめにブラッシングすることで、不要な被毛や汚れを取りのぞきます。

〈使う道具〉

コーム（くし）

金属製のくし。毛の流れを整えたり、毛玉の有無を確認するのに便利。粗目と細目に分かれている。

獣毛ブラシ

ブタなどの動物の毛を使ったブラシ。被毛につやを出す効果がある。ジャックには、イノシシの硬い毛を使った目の粗いタイプがおすすめ。
※なければピンブラシでもOK。

〈使い方〉

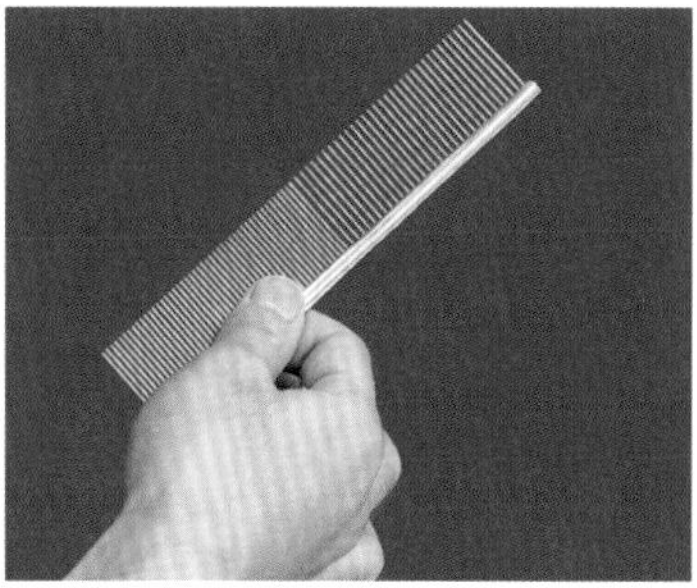

下から1/4あたりのところを、親指と人さし指で軽く持ちます。

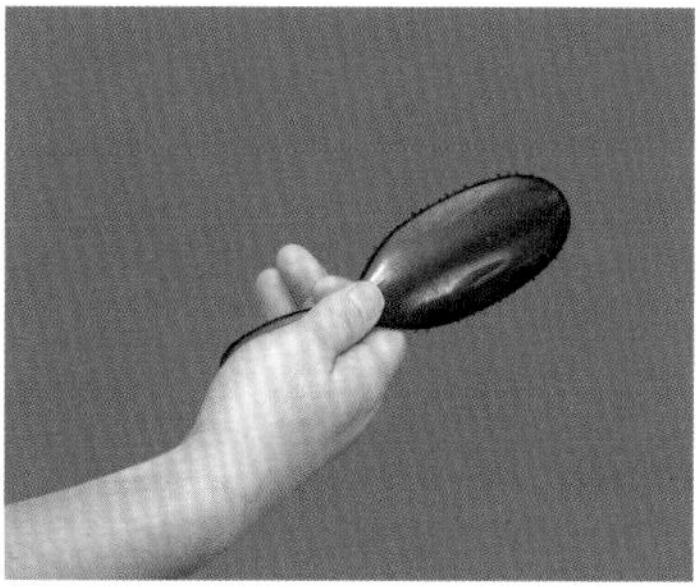

手首の力を抜き、指先で軽く支えるように持ちます。

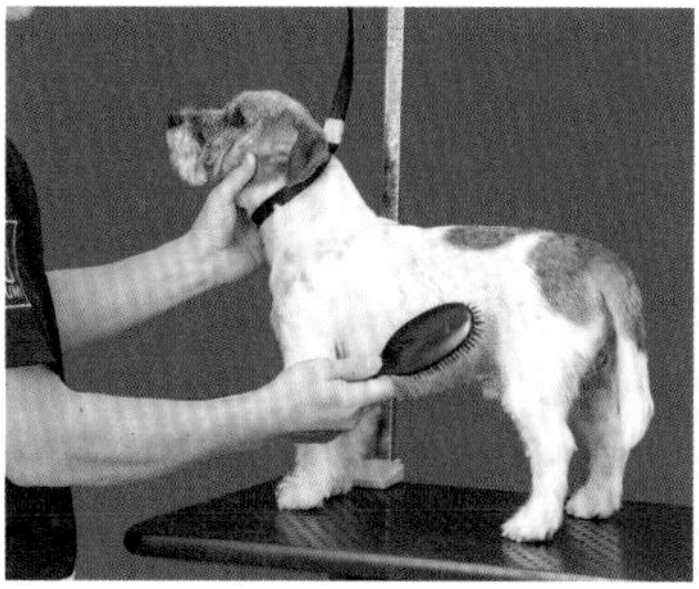

部分洗いをする前には、その部分の汚れをよく取っておかないと毛が傷んでしまいます。獣毛ブラシで全身を毛の流れに沿ってとかし、ホコリや汚れを落としましょう。

memo

ブラッシングには血行促進の効果があります。愛犬とのコミュニケーションも兼ねて、毎日少しでも時間をとってするようにしましょう。

〈上級者向けのテクニック〉

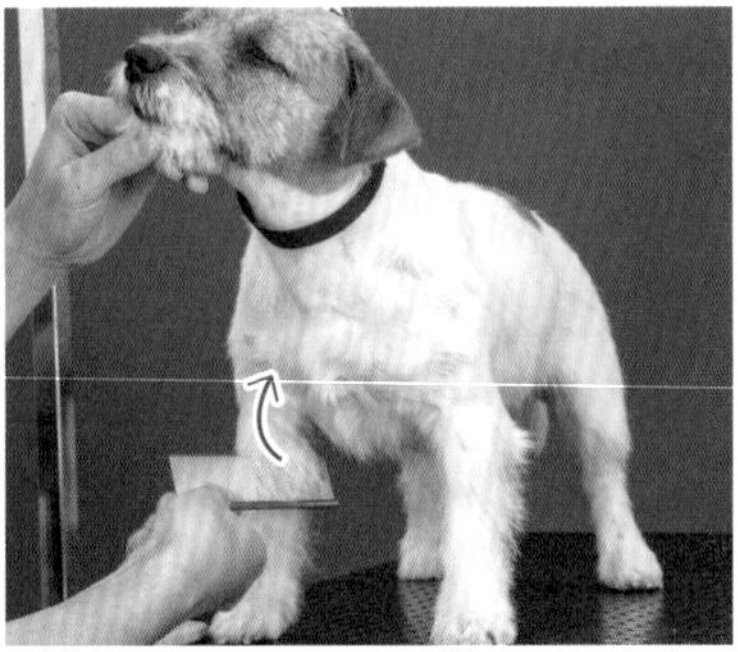

1　必須ではありませんが、シャンプー後に足の毛を整えるのもアリ。まずは足の毛を、コームで下から持ち上げるようにとかします。

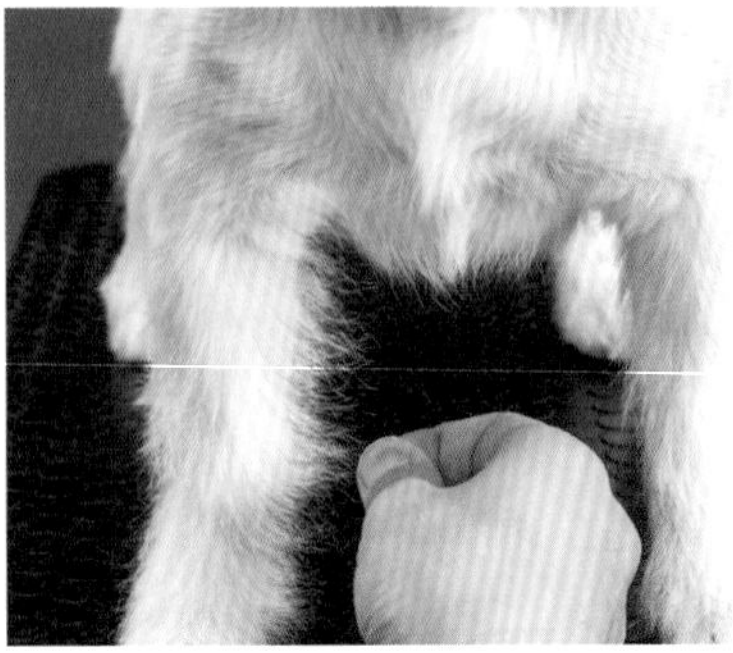

2　①でとかした後、飛び出た長い毛を指でつまんで抜きます。こうすると、足の毛がボサボサして見えません。

シャンプー

全身のシャンプーは、汚れやニオイがかなり気になるときだけでかまいません。

1　シャンプーを規定通りに薄め、スポンジで泡立てます。洗いたい部位をぬるま湯（37～38℃）で濡らし、泡を付けて手のひらでやさしく洗います。

POINT

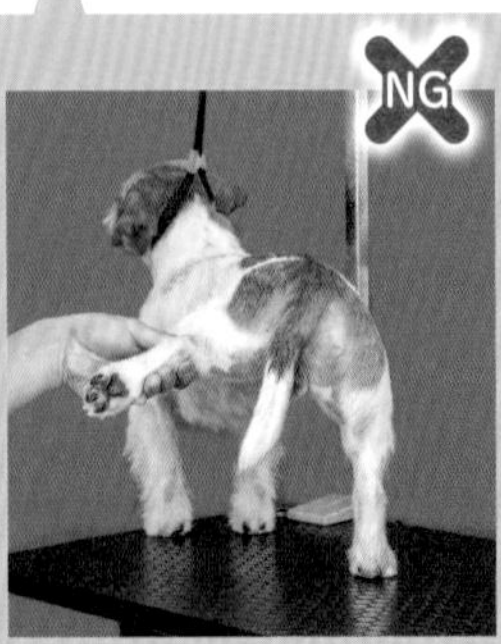

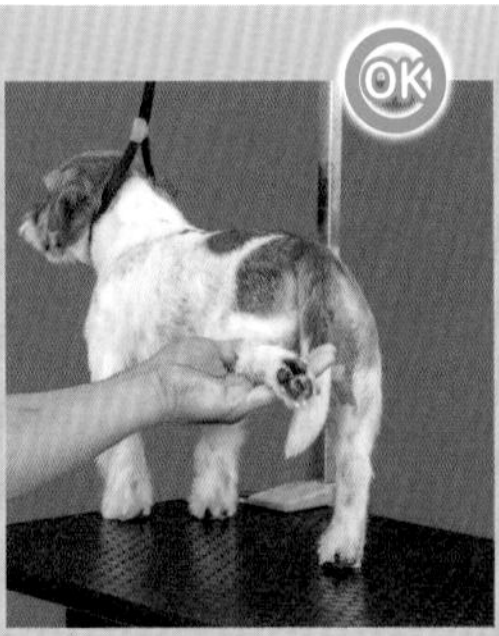

足は前方か後方に真っ直ぐ持ち上げます。外側に持ち上げると関節に負担がかかるので注意。

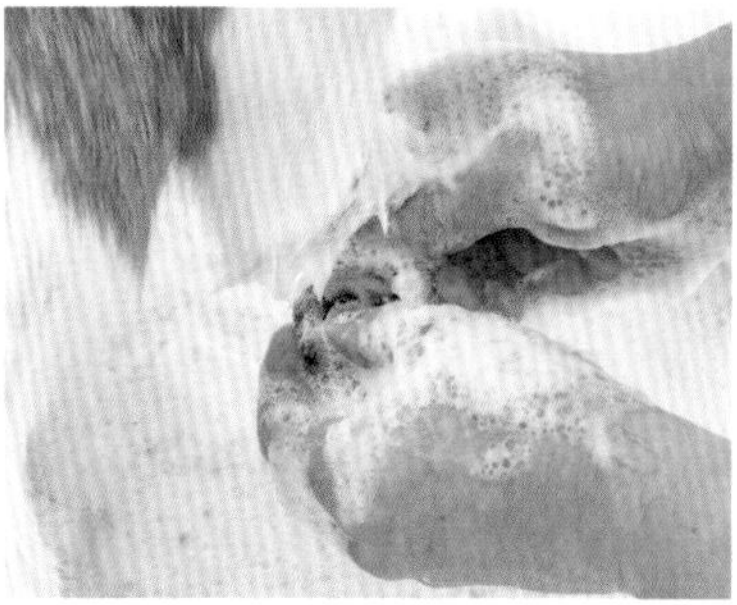

2 犬の指を開き、あいだを親指でやさしく洗います。足裏までていねいに洗いましょう。

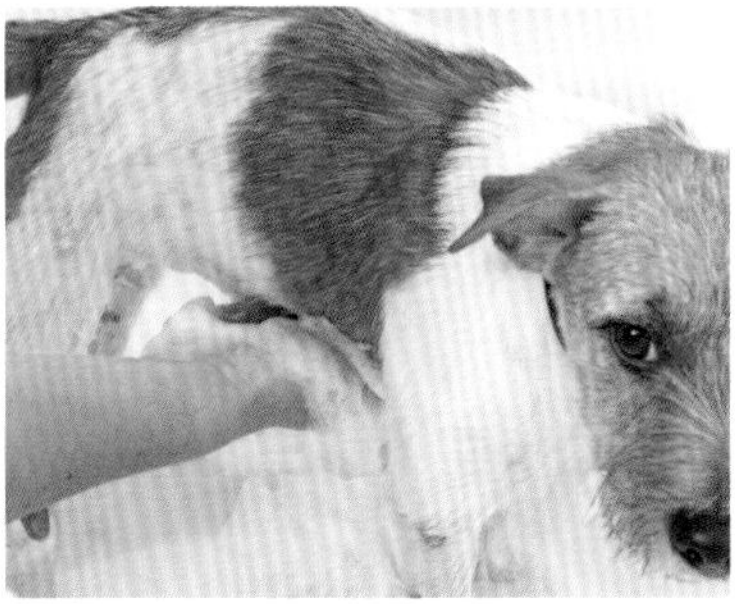

3 お腹に泡を付けて広げ、手のひらでやさしくさするように洗います。

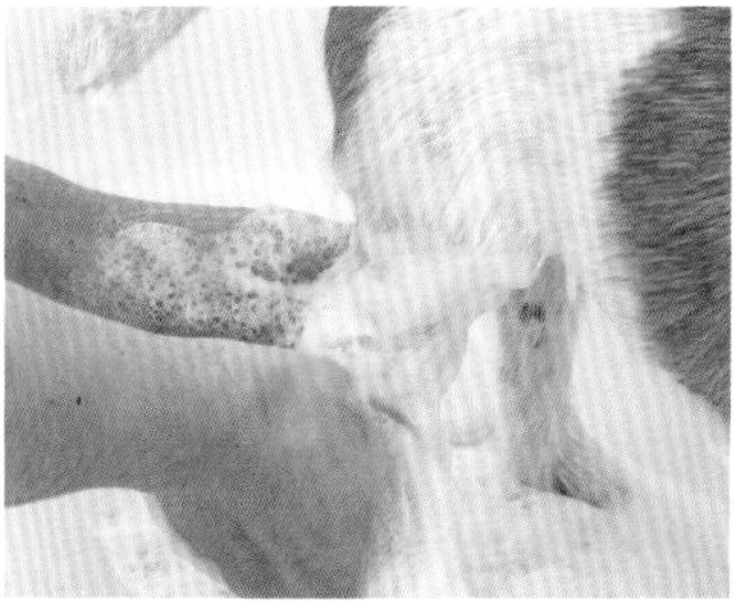

4 後ろ足に泡を付け、前足と同じように洗います。指のあいだや足裏も忘れずに。

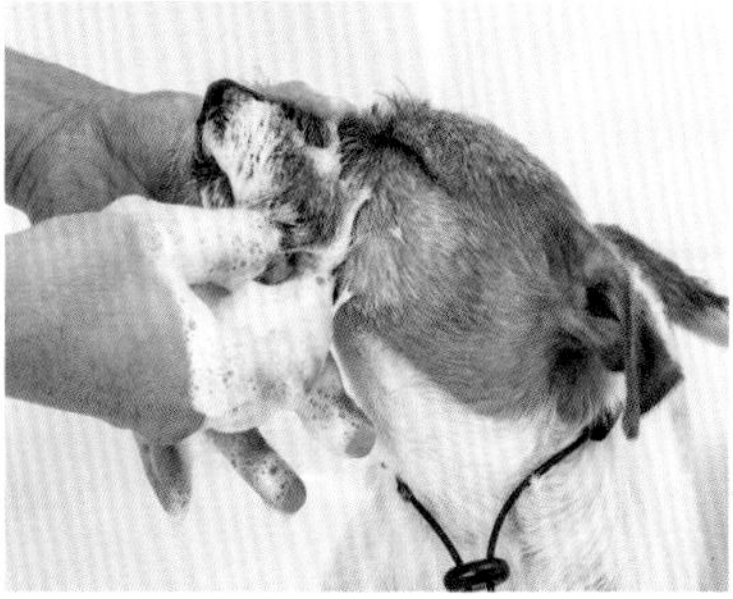

5 口周りを洗います。口ひげに泡を付け、指先を細かく動かしてこすり洗いします。

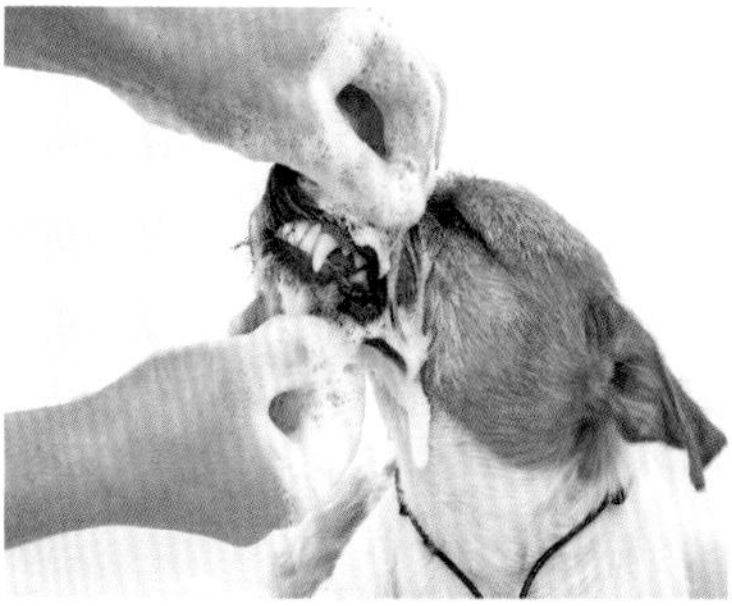

6 口角のあたりは汚れがたまりやすいので、指で開いてこすり洗いします。口内に泡が入りすぎないように注意しましょう。

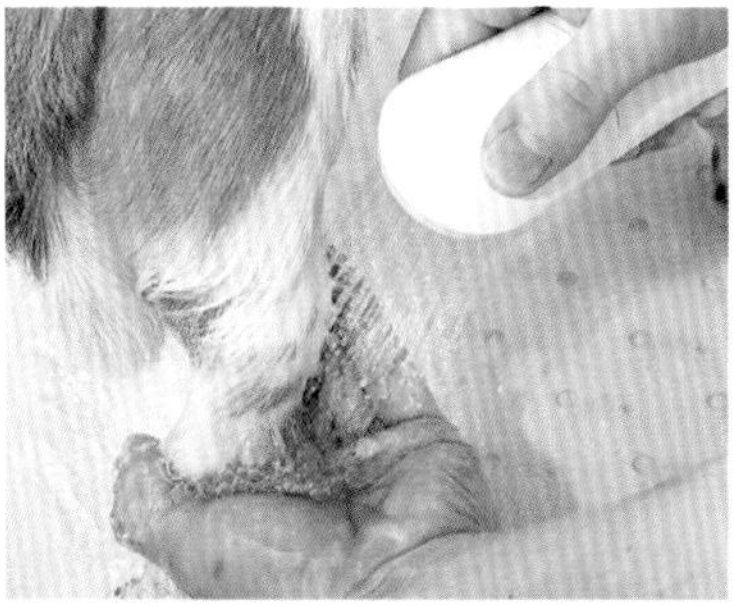

7 洗った部位をすすぎます。洗っていない（濡らしていない）ところにお湯がかからないように注意。片手に水をためながらすすぐと、被毛の奥までお湯が行き渡ります。

ドライ

ていねいにブラッシング
しながら乾かしていきます。

memo

「ボディがちょっと汚れている」くらいなら、蒸しタオルで首～お尻をふきましょう。その後は自然乾燥でも問題ありませんが、気になるようならブラッシングしながらドライヤーで乾かします。

1 すすぎ終わったら、吸水性の高いタオルで洗った部分の水分を取ります。ゴシゴシふかず、タオルを押し当てて水分をタオルに移すイメージで。

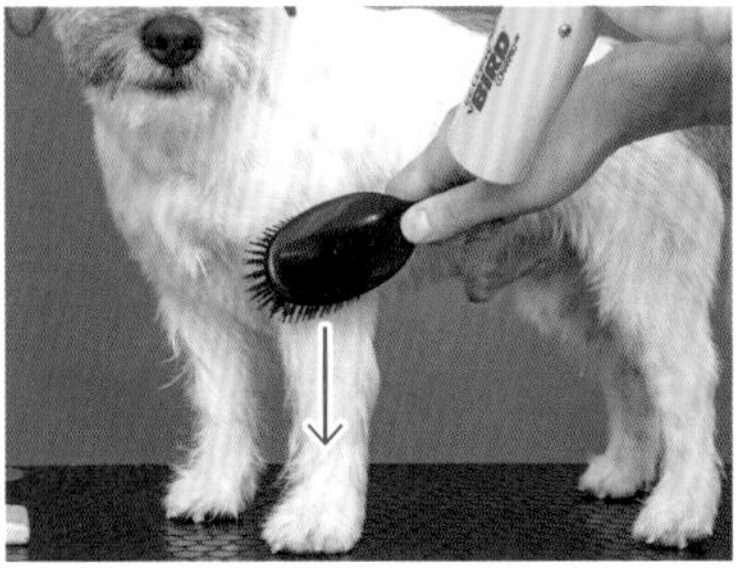

2 前足の肘の毛が外側にはねないよう、乾かして落ち着かせます。ドライヤーの風を当てながら毛の流れに沿ってとかします。

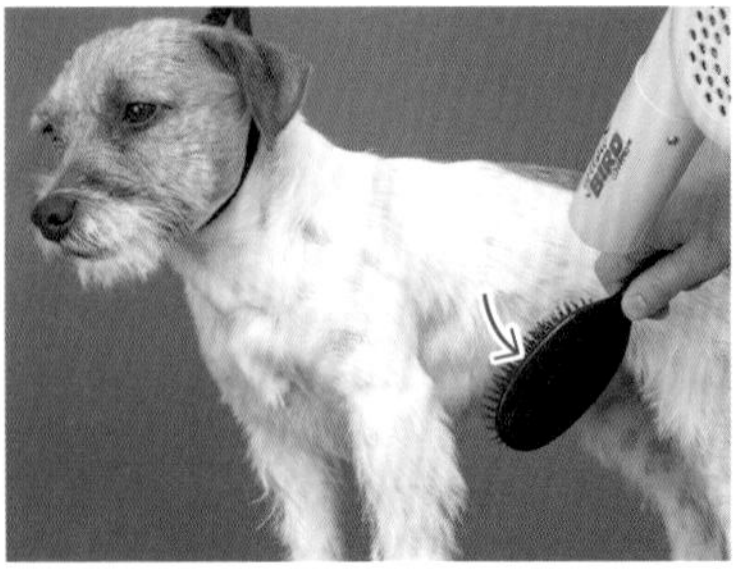

3 お腹の被毛を毛の流れに沿ってとかしながら乾かします。

POINT

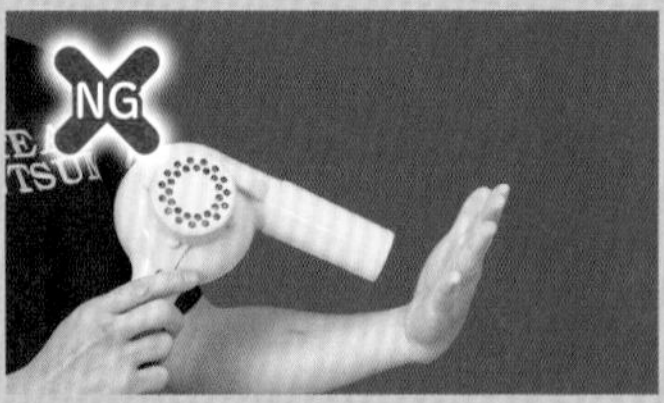

ドライヤーの温度にはくれぐれも注意。近距離で自分の手に風を当ててみて、熱く感じない温度がベストです。温度・風量の調節ができるタイプがおすすめ。温風が目に直接当たらないように注意しましょう。

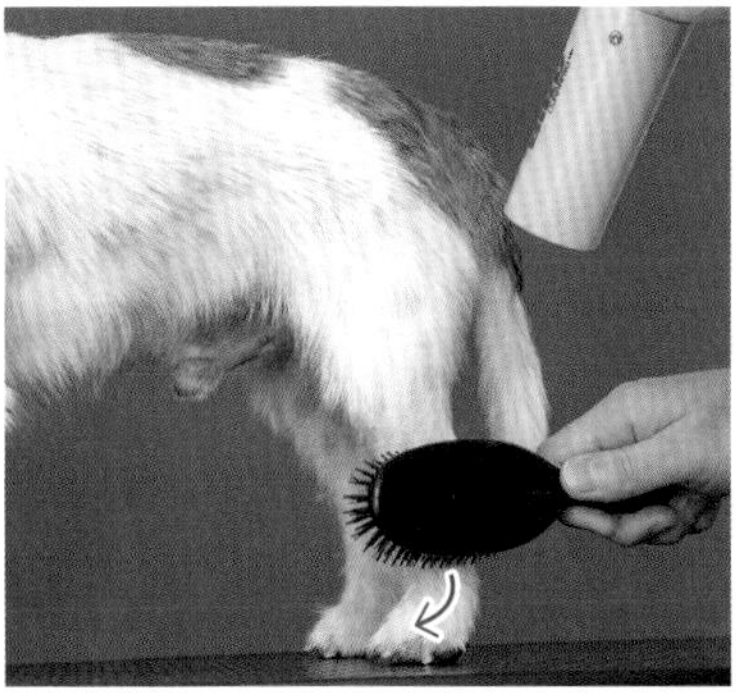
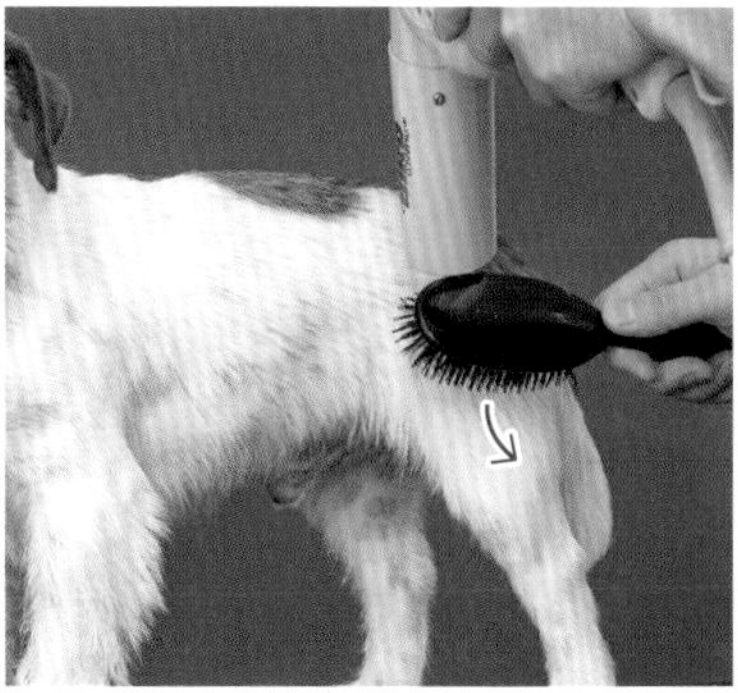

4　後ろ足の毛が外にはねないよう、乾かして落ち着かせます。その後、太もものあたりから足先まで毛流に沿ってとかします。

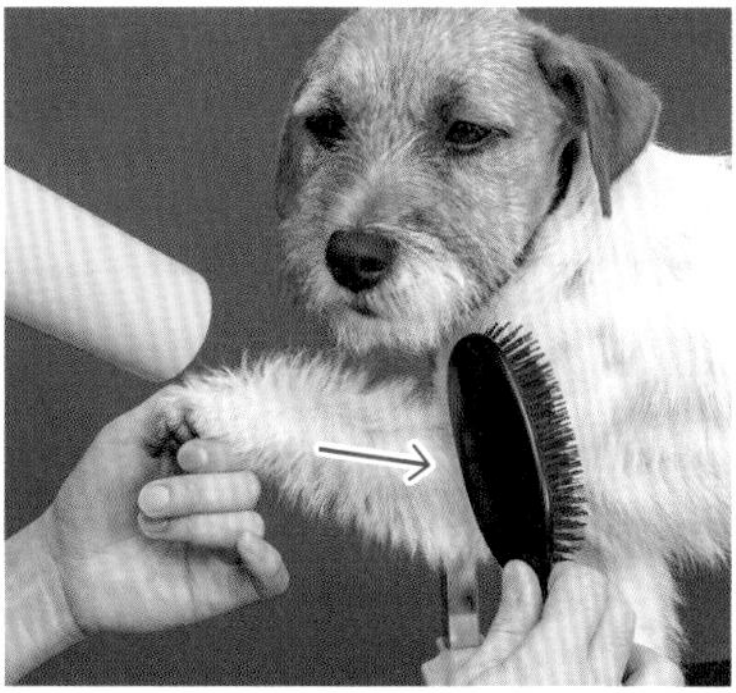

5　②で落ち着かせた毛を、今度は毛流に逆らってとかしながらドライヤーの風を当てます。

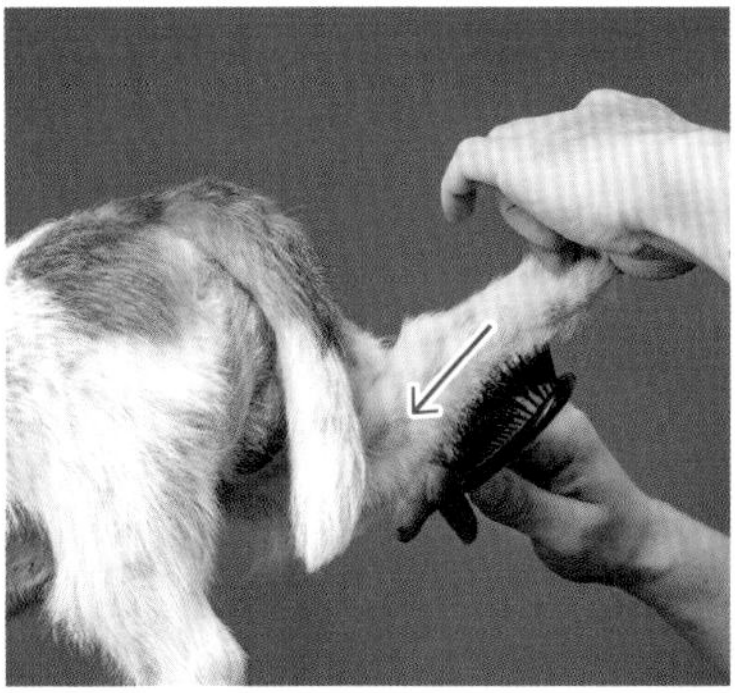

6　④で落ち着かせた毛を今度は毛流に逆らってとかしながら、ドライヤーの風を当てます。

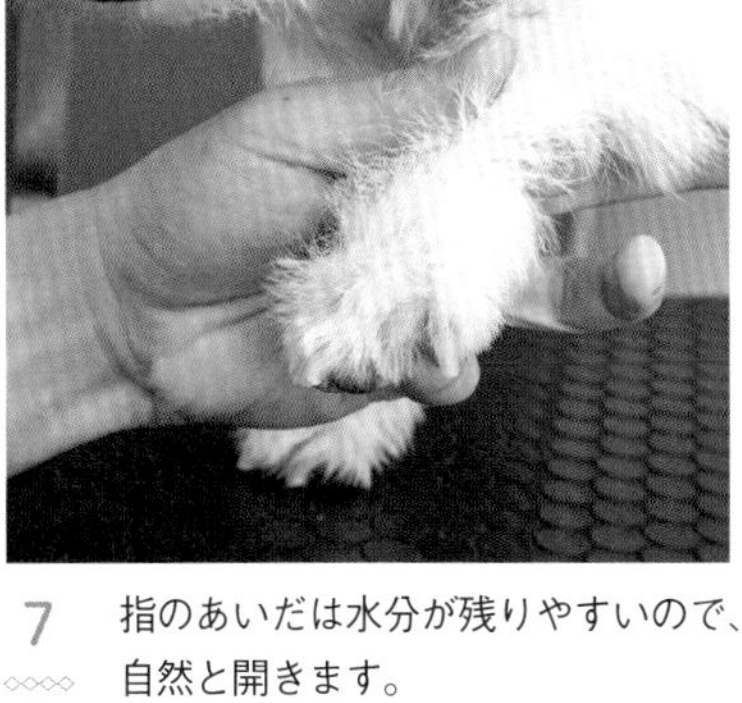
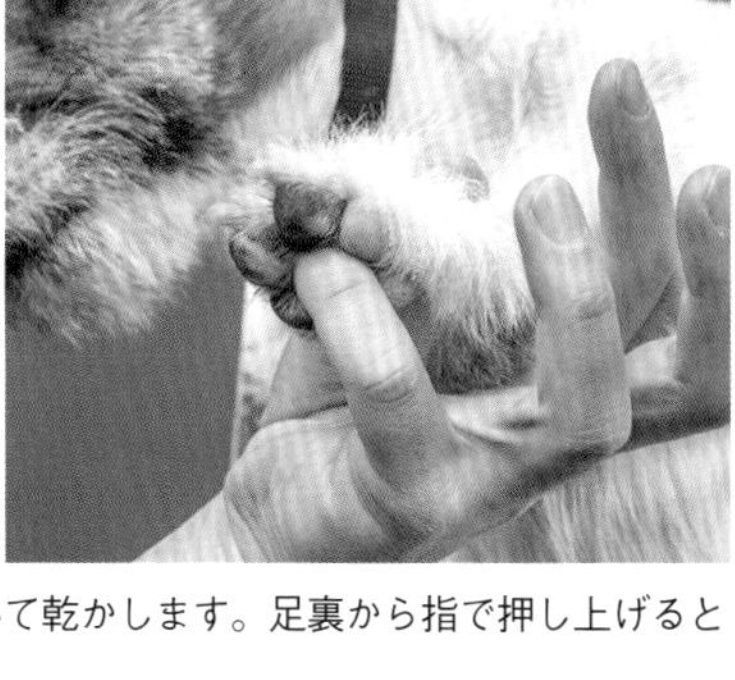

7　指のあいだは水分が残りやすいので、開いて乾かします。足裏から指で押し上げると自然と開きます。

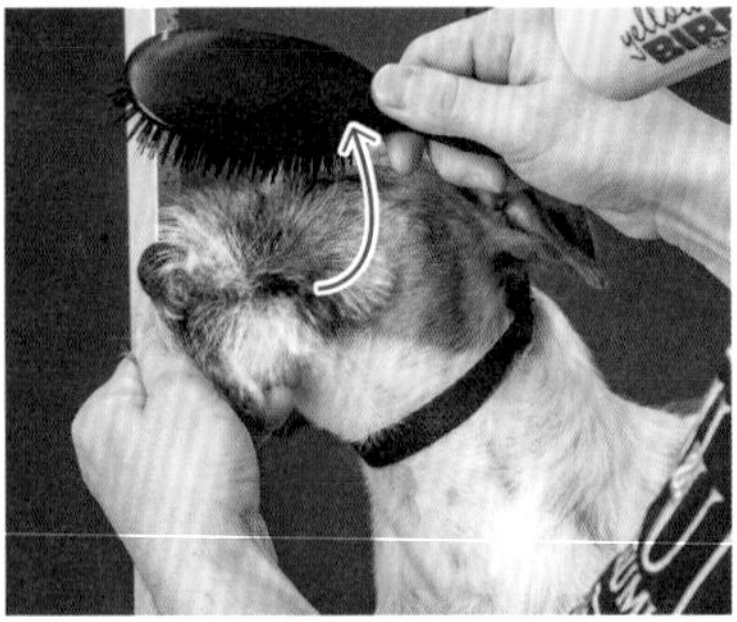

8 口周りの毛はふんわり仕上げたいので、毛を上に持ち上げるようにとかしながら乾かします。すべて乾かし終わったら、全身を毛流に沿って軽くとかします。

爪切り

爪はこまめにチェックして
切りましょう。

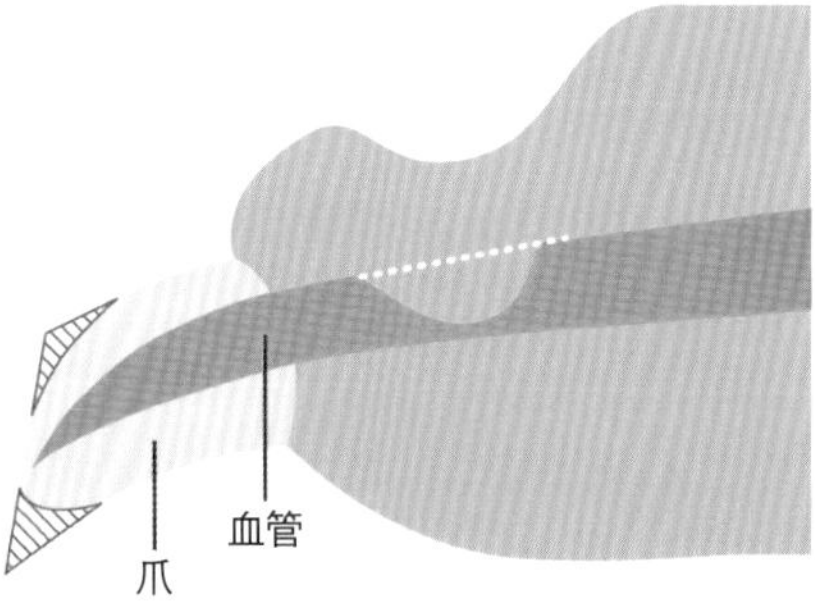

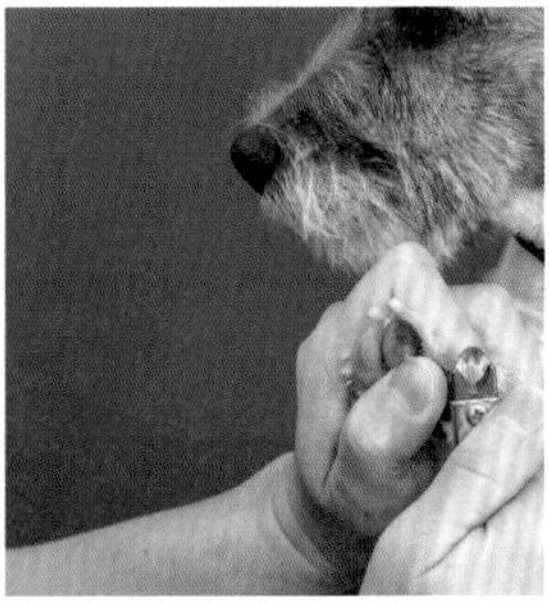

1 足を真っ直ぐ前方に持ち上げ、足先を手で固定して爪を切ります。

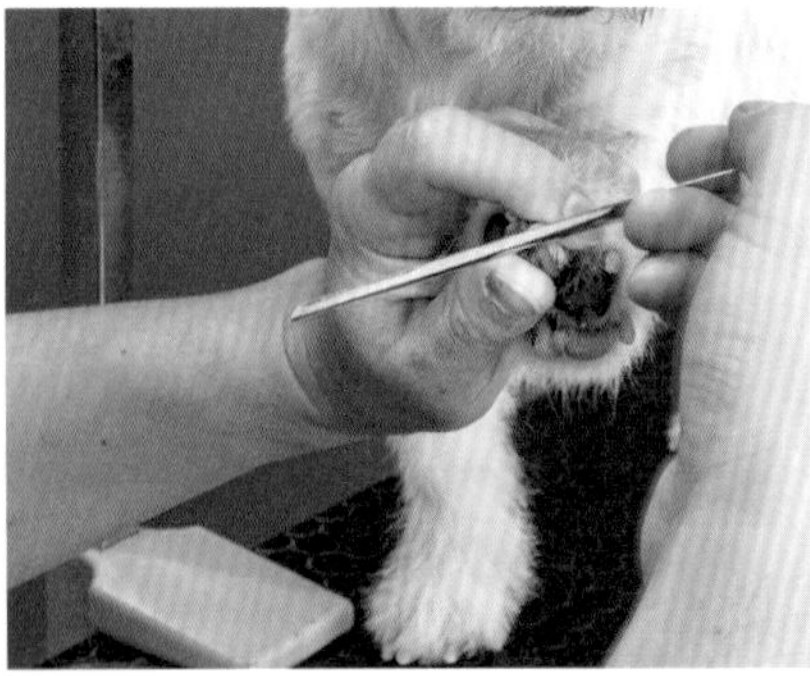

2 切った後にできる角を取るように、ヤスリで削って先を丸めます。爪切りが苦手な犬なら、最初からヤスリで削って短くしてもいいでしょう。

memo

飼い主さんの膝の上に寝かせるなど、犬がリラックスできる体勢で切っても良いでしょう。

耳掃除

「汚れているな」と感じたら
お手入れのタイミングです。

POINT

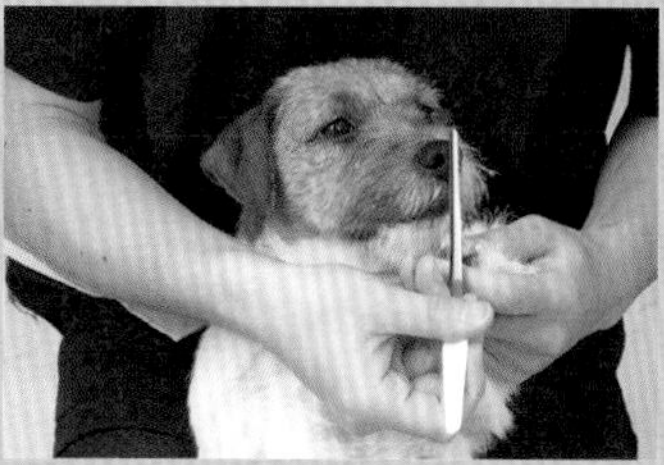

リラックスした状態でふだんから足先を少し強めに握るなどしておくと、犬が足先にさわられることに慣れてお手入れしやすくなります。

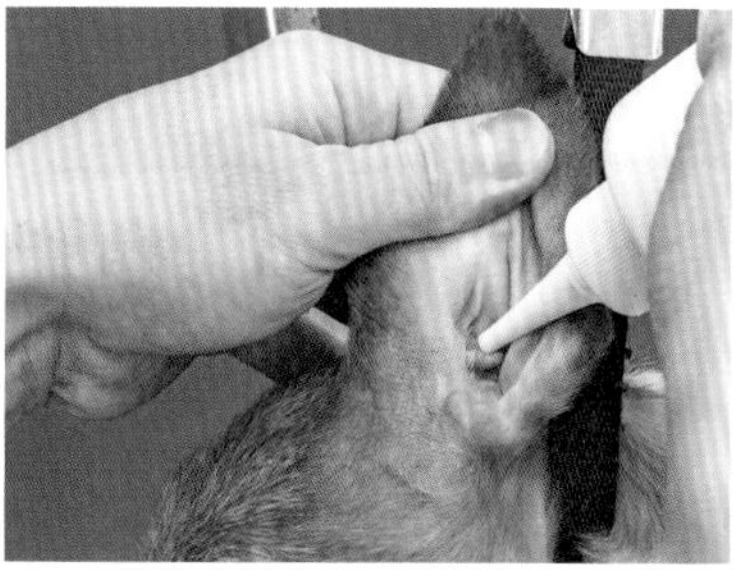

1 耳を裏返して手で押さえ、内側を伝わせるようにイヤークリーナーを耳の穴に入れます。耳の穴からあふれる一歩手前まで入れてかまいません。

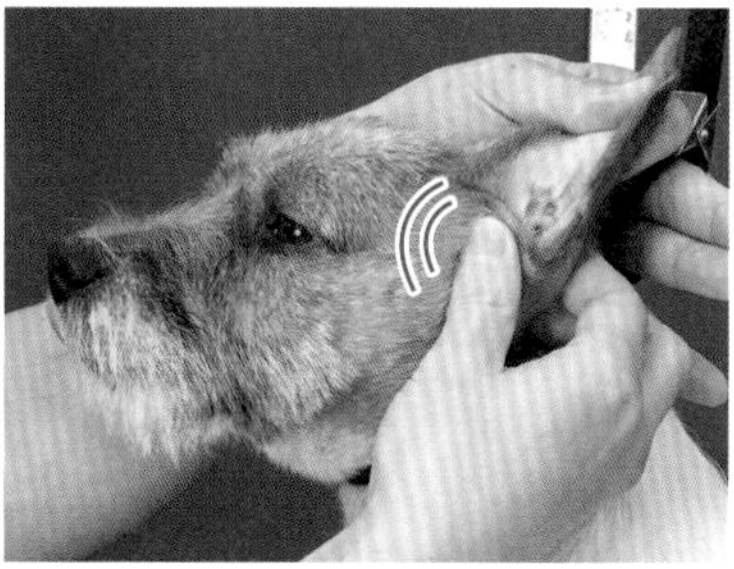

2 親指と人さし指で耳を挟み、軽くもみます。

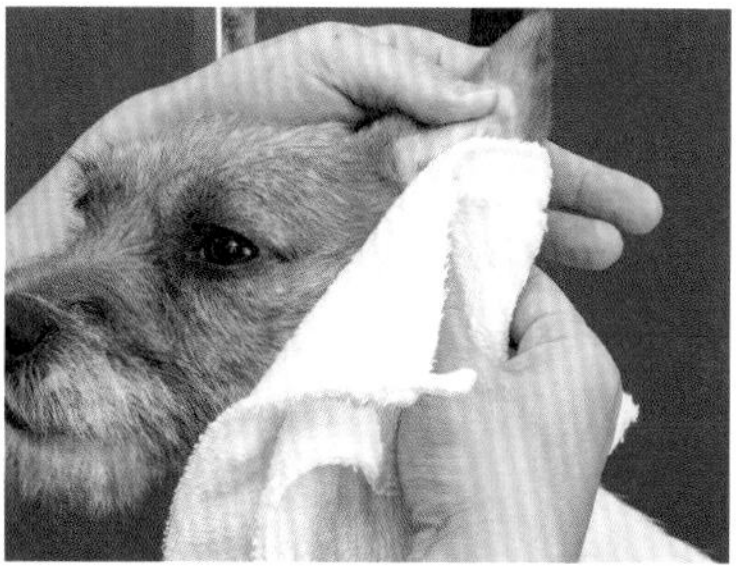

3 耳の中にたまっていた汚れが浮き出てくるので、清潔なガーゼやタオルでふき取ります。

memo

犬に「ブルブル」をさせれば、耳の中に残ったイヤークリーナーは自然と外に出ます。

歯みがき

愛犬の歯と歯ぐきを守るには、毎日のケアが欠かせません。
コツをつかんで、ジャックの口の健康を守りましょう。

〈口の中のトラブルチェック〉

当てはまる項目が複数あったら、獣医師に相談しましょう。

- [ ] ものを噛むとき、片側の歯だけを使う
- [ ] ものを食べるとき、頭を片側に傾ける
- [ ] 硬いものを食べたがらない
- [ ] 食べものをよくこぼす
- [ ] ごはんを食べるのに時間がかかるようになった
- [ ] よだれが増えた
- [ ] 口臭が気になる
- [ ] 口の周りをさわられるのを嫌がる
- [ ] 口を開けるのを嫌がる
- [ ] よく頭を振る
- [ ] 前足で口の周りをこすることが多い
- [ ] 口を床や地面にこすりつける
- [ ] 怒りっぽくなった
- [ ] 口の中から血が出ている
- [ ] 口の周りや頬、顎などが腫れている

歯みがきのQ&A

歯みがきに関する疑問を、
Q&A形式で解説します。

Q1 ワンコの歯みがきは毎日するのが理想ですが、「最低限」どのくらいのペースですればいいでしょうか？

A ワンコの口の中のpH（酸性・アルカリ性の度合い）は、８～９。pHは６～８が中性とされ、数値が大きいほどアルカリ性が強くなります。そして口内環境がアルカリ性に傾くと、プラークが歯石に変わりやすくなります。ワンコの場合、プラークが歯石に変わるまでの時間は３～５日。歯石になってしまうと歯みがきでは落とせません。歯垢の段階で取りのぞくためには、**最低でも２日に１度の歯みがきが必要**です。

Q2 歯石がたまるといけないのはなぜですか？

A **歯石があると、歯垢がたまりやすくなります**。プラークは細菌の塊ですが、プラークが固まった歯石の中では、細菌は死滅しています。でも表面が凸凹になっている歯石には、滑らかな歯の表面よりプラークが付きやすいため、そのままにしておくとプラークがどんどんたまってしまうのです。

Q3 歯石を除去するとき、麻酔はかけたほうがいいのでしょうか？

A 歯石がたまるのは、主に歯周ポケット（歯と歯ぐきのあいだにある溝）の部分。完全に取りのぞくには専用の器具を使わなければならず、痛みもあります。ワンコの負担を減らし、ケガや噛みつきなどの事故を防ぐためにも、**歯石除去は必ず麻酔をかけて行います**。麻酔をかけずにハンドスケーラーで行った場合、見える範囲の歯石しか取ることができません。ワンコに怖くてつらい思いをさせる上、歯周ポケットの奥の歯石を取り残してしまうことにつながるのです。

Q4 「うちの子はもう成犬だけど、これから歯みがきの練習をしたい」というときは、何から始めればいいですか？

A **歯科検診と治療**から始めましょう。成犬はすでに歯周病にかかっている可能性が高いため、まずは動物病院へ。そして必要な治療を終え、口の中を健康な状態にしてから歯みがきの練習を始めましょう。痛みや不快感がある状態で歯みがきをされたりさわられるのは、ワンコにとってつらいもの。無理強いすると、どんどん歯みがきが嫌いになってしまいます。

Q5 歯ブラシはどんなものを選べばいいですか？

A **ヘッドが小さく、毛がやわらかめのもの**が良いでしょう。口も歯も小さいジャックの場合、すみずみまでみがくためには小さなヘッドの歯ブラシを選ぶ必要があります。また、ブラシが硬いとワンコが嫌がることが多いので、やわらかいものがおすすめ。毛先が細いほど、歯周ポケットの奥までみがくことができます。

Q6 歯みがき効果のあるオモチャやガムは、歯みがきの代わりになりますか？

A ガムなどは、どうしても歯みがきを嫌がるワンコのための次善の策。**オーラルケアの基本は、１日１回の歯みがきです**。また、硬すぎるガムやオモチャは、歯が折れたりすり減ったりといったトラブルの原因になることも。ペット用オーラルケア製品の効果を認める「VOHC 認定」マークのある製品を選ぶと安心です。

Q7 ワンコのオーラルケアは、毎日の歯みがきだけで十分でしょうか？

A オーラルケアの理想は、**毎日の歯みがきに加えて年に２回の歯科検診です**。動物病院でチェックすることで、歯周病を早期発見・早期治療することができます。歯みがきが苦手な子の場合、獣医師による定期的な歯石除去も必要です。

〈使用する歯みがきグッズ〉

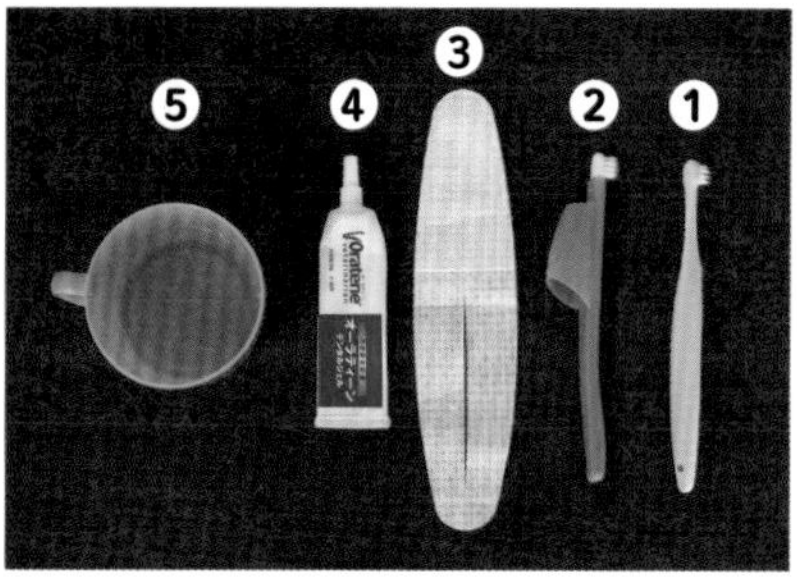

①② 歯ブラシ	ポケット部分に指を入れて使う②は、歯ブラシに慣らす段階におすすめ
③ ガーゼ、専用シート	歯ブラシを使えるようになる前に、指に巻いて使用
④ 歯みがき用ジェル	ワンコが好きな味を選ぶと歯みがきがスムーズに
⑤ 水	ガーゼや歯ブラシを濡らしたり、すすいだりするときに使う

歯みがきの方法

口にさわることから始めて、
時間をかけて
ステップアップしましょう。

1 ガーゼの感触に慣らす

指（人さし指以外）に濡らしたガーゼを巻き（写真は専用のシートを使用）、いつものようにさわりながら、たまにガーゼで歯と歯ぐきを軽くこすってみます。少しずつ慣らしていき、奥歯や歯の裏側まで、まんべんなくこすります。

最初から歯ブラシを口に入れると、ワンコはびっくりしてしまいます。まずは口の周りと中をさわられることに慣らしましょう。
リラックスしてワンコをなでて、口の周りにもやさしくふれていきます。ワンコが嫌がったらすぐにやめて、続きはまた明日。慣れてきたら、なでながらさりげなく口の中に人さし指を入れてみてください

2　歯ブラシに挑戦

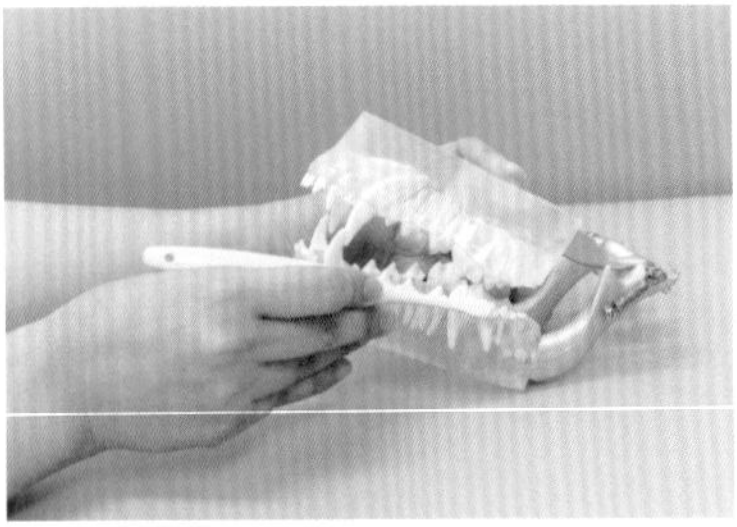

鉛筆を握るように濡らした歯ブラシを持ち、嫌がらないところから歯みがきをしてみます。歯ブラシは、歯と歯ぐきの境目に当てましょう。上の歯なら歯ブラシの毛を斜め上45度、下の歯なら斜め下45度に向けて当てて小刻みに動かします。

3　みがいているところを目で確認

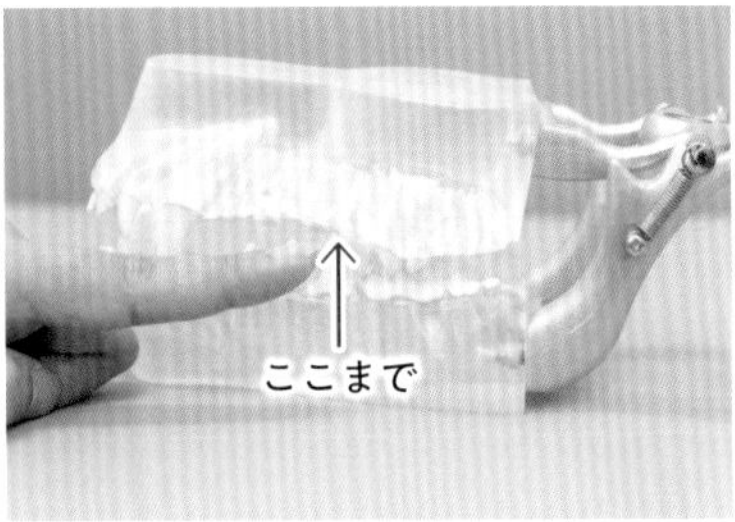

マズルを上から握り、中指～小指で下顎を支えます。親指で上唇を軽くめくり、ブラシが当たっているところを見ながらみがきます。唇をめくると、犬歯の後ろにある大きな歯まで見えます。

memo

歯と歯ぐきの境目はとくに丁寧にみがきましょう。この部分にある歯周ポケットにプラークがたまりやすいからです。歯周ポケットの中に毛先を入れるイメージで。

4　いちばん奥の歯は歯ブラシの角度を工夫する

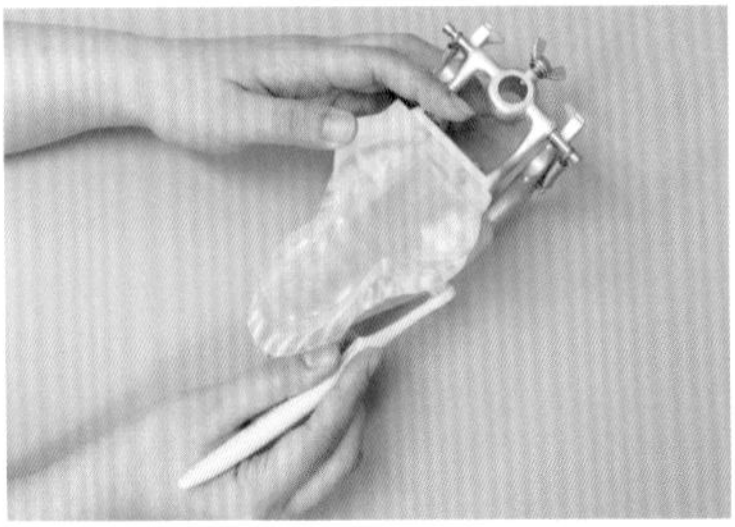

唇をめくると見える部分をみがくとき

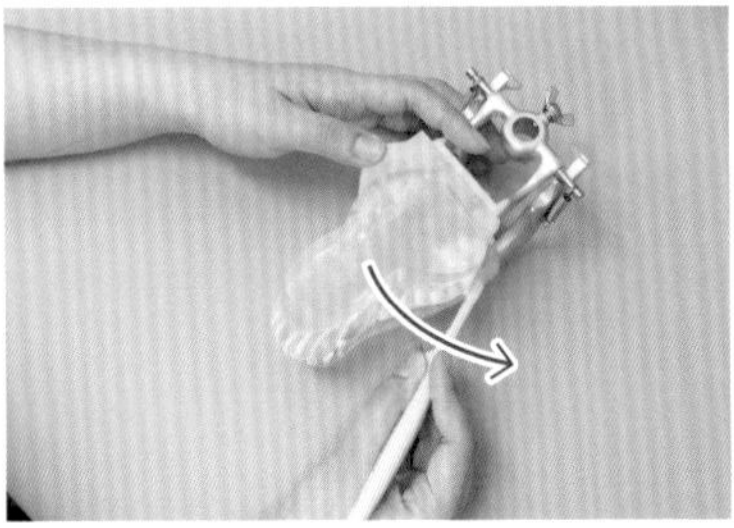

見えない奥の歯をみがくとき

唇をめくっても見えない部分は、顎の骨がやや内側に入っています。柄で頬を外側に膨らませるような角度で歯ブラシを当てると、うまくみがけます。

5 裏側をみがく

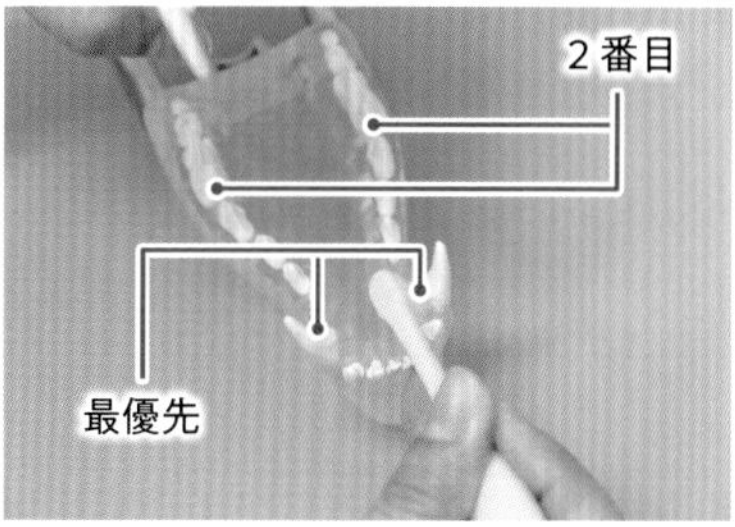

裏側もすべてみがけるのが理想ですが、難しい場合は、上下の犬歯の裏側を最優先。次に、いちばん奥の大きな歯の裏側をみがきましょう。

memo

歯周病などがない健康な犬のための手順です。トラブルがある場合は治療してから始めましょう。

犬の歯の構造と歯並びの異常

正常な犬の歯は、次のような噛み合わせ（咬合）になっています。

【切歯《せっし》】
上あごの歯が下あごの歯をやや覆っている。

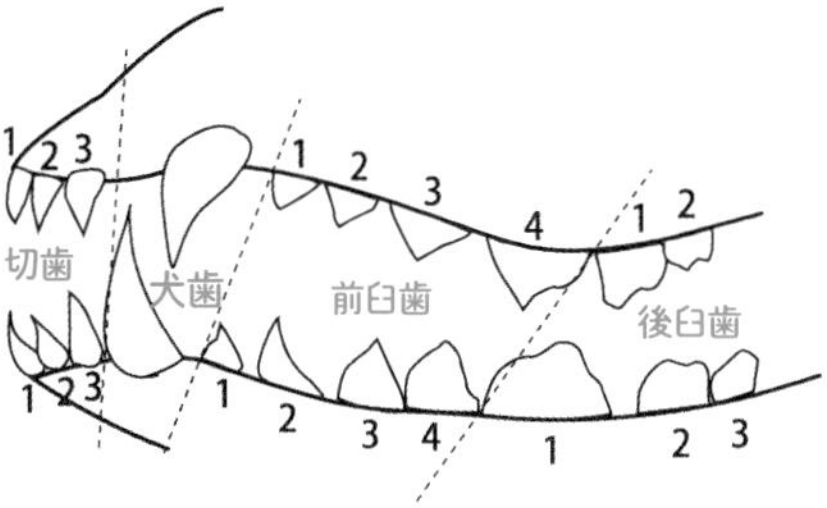

【犬歯】
下あごの犬歯は、上あごの第3切歯と犬歯のあいだに入り込む。

【前臼歯】
上あごの第1〜3前臼歯と下あごの第1〜4前臼歯は、互い違いに噛み合うように生えている。

噛み合わせや歯の位置に異常がある状態を「不正咬合」といい、あごの長さや幅がアンバランスな「骨格性不正咬合」と、歯の位置や傾きなどに異常がある「歯性不正咬合」に分かれます。

不正咬合は、食事のしづらさや口臭、血の混じったよだれ（口内を歯が傷つけている）、頭を振ったり口を気にしたりするといったことにつながります。抜歯や矯正が必要になることもあるので、かかりつけの獣医師に相談しましょう。

レーキング

トリミングナイフを使って、不要なアンダーコートを抜きます。犬の皮膚を傷つけないように注意しましょう。

トリミング・ナイフの使い方

極細目（エクストラファイン）

目が浅くて細かく、皮膚を傷つけにくい。「スムース」の場合は細目のナイフが適している。

細目（ファイン）

目が深くて細く、被毛の奥まで刃を入れることができる。「ラフ」と「ブロークン」の犬のボディはこれがおすすめ。

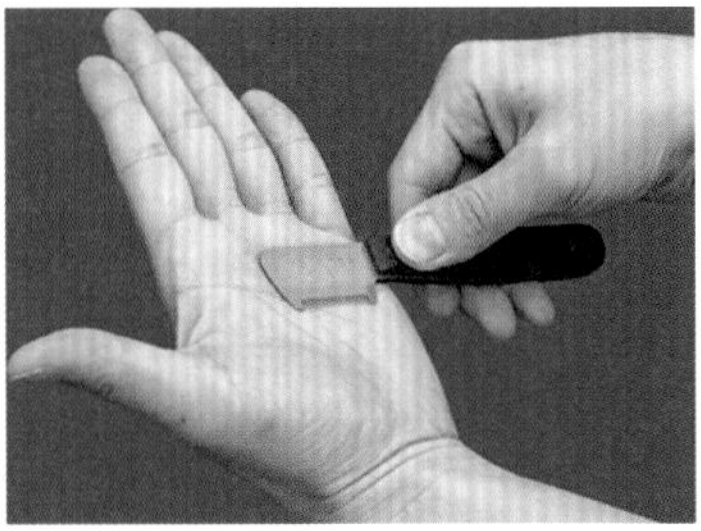

力を入れすぎると、犬の皮膚を傷つけることも。まずは自分の手や腕にナイフを寝かせて動かし、跡が残らない程度の力加減を覚えましょう。

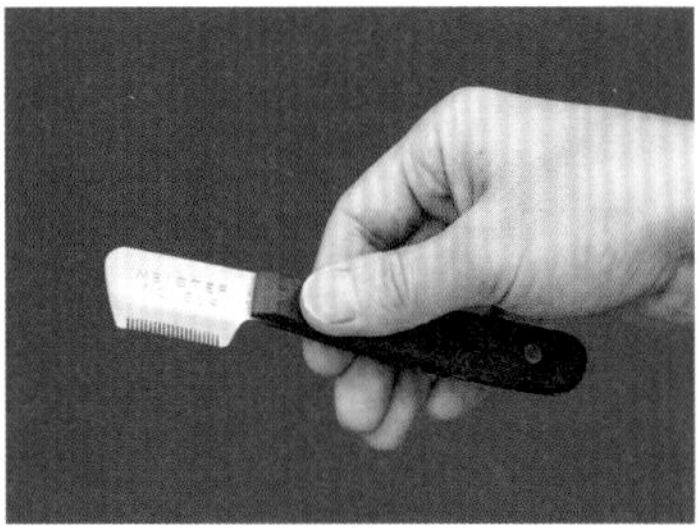

ナイフの柄をぐっと握ると力が入りすぎるので、５本の指で軽く支えるように持ちます。

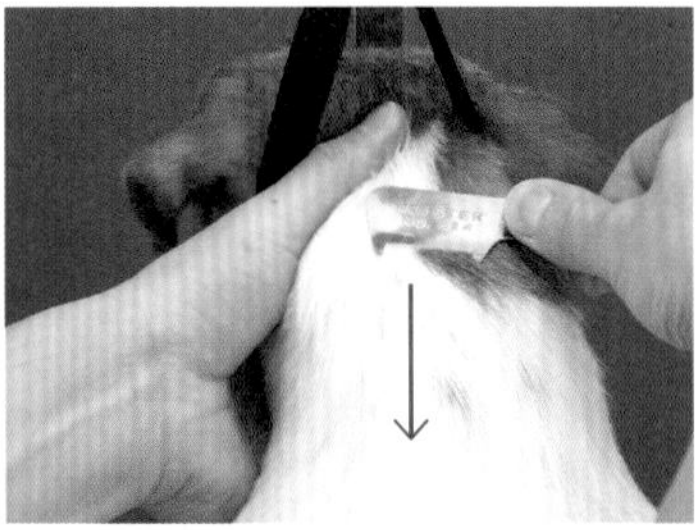

1　首をレーキングします。ナイフの刃を寝かせて皮膚に当てて、左手で皮膚を軽く引っ張り、毛の流れに沿ってナイフを滑らせます。刃を立てすぎると皮膚が傷つきやすいので注意。

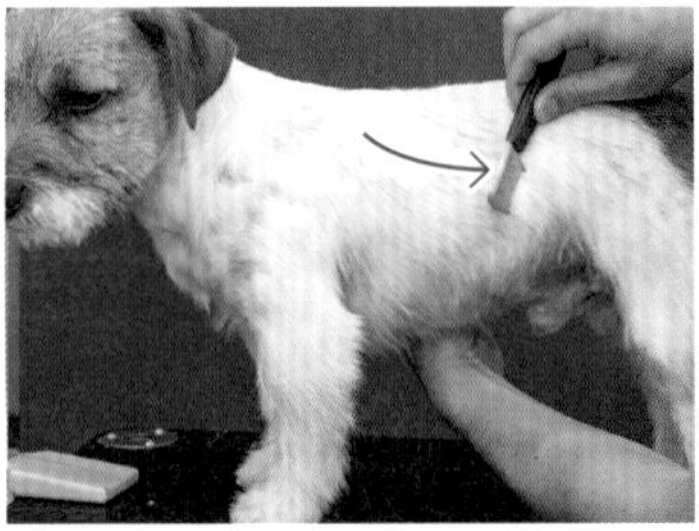

2　ボディをレーキングするときは、反対側から腕で引くようにしてボディを持ち上げ、皮膚を張らせます。太ももの筋肉の終わりまでナイフを毛流に沿って滑らせます。

プラッキング

トリミングで失敗しても、毛はまた生えてきます。まずは恐れずにチャレンジしてみましょう。

ジャックの毛質は3種類

ジャックのコートには、「スムースコート」、「ラフコート」、「ブロークンコート」の3タイプがあります。成長過程で、スムースから口ひげと眉毛があるブロークンに、ブロークンから被毛が長めなラフに変化するケースも珍しくありません。

どのタイプでも被毛は硬くて厚みがある二重毛です。これは、狩りの際に風雨や獲物の攻撃、草花や岩肌で皮膚が傷つくのを防ぐため。毛質には重要な役割があるのです。

ジャックが持つ全天候型の、硬くて丈夫な被毛を維持するには、トリミング・ナイフやトリミングストーンによるプラッキング（レーキング）やハンドストリッピング（手で不要な毛を抜くこと）といったテリアならではのケアが不可欠です。

テリアのトリミングで使う道具

ラフ、ブロークンの場合、死毛（自然に抜ける不要な被毛）を抜き取るプラッキング（レーキング）が欠かせません。その際に必要なのが、トリミングストーンやトリミング・ナイフ。トリミングストーンは、初心者でも使いやすいアイテムです。

ジャックの日ごろのお手入れでは、熊手型で抜け毛をかき取るための道具である「ディシェーダー」と、皮膚のマッサージ効果もある獣毛ブラシが便利です。スムースの場合は、このディシェーダーとラバーブラシを活用したケアを行いましょう。いずれの道具も、弱い力で手首をひねらずに肘から動かすのがポイントです。

お手入れはまずディシェーダーで毛が取れなくなるくらいまでとかして死毛を除去します。その後、各パーツのトリミングに移りましょう。頻度は週1回程度が目安です。

トリミング・ナイフ（左2本）とトリミングストーン（右4本）。

ジャックらしい顔のつくり方

ジャックの印象が決まるのが
顔のつくりです。

VS = ベリーショート

MS = ミディアムショート

L = ロング

B = ブレンディング

〈顔の被毛の長さの黄金バランス〉

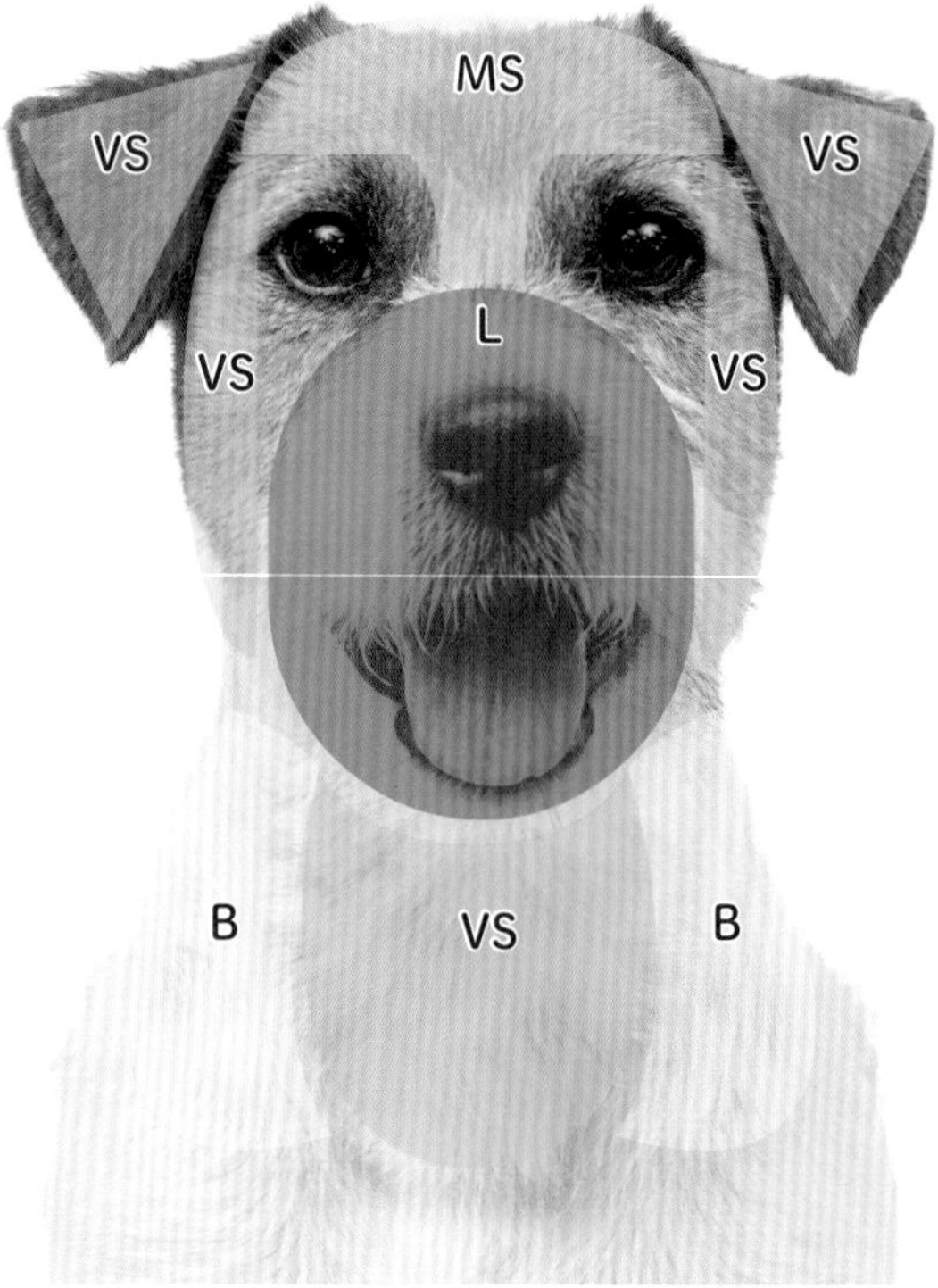

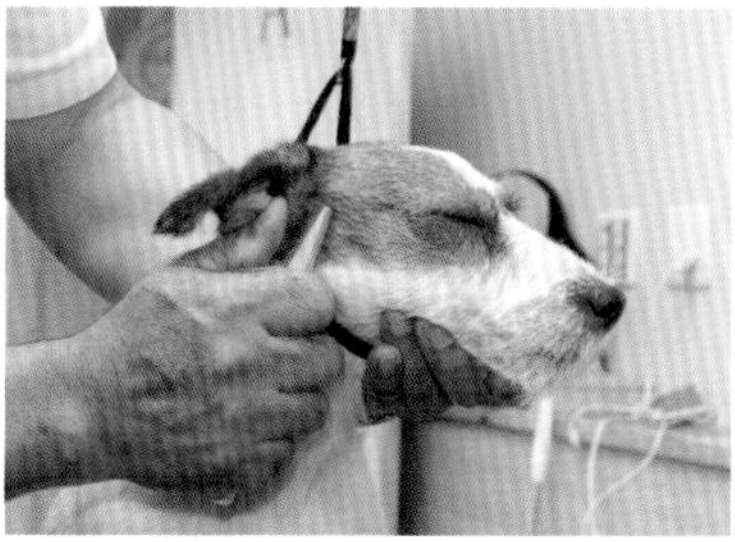

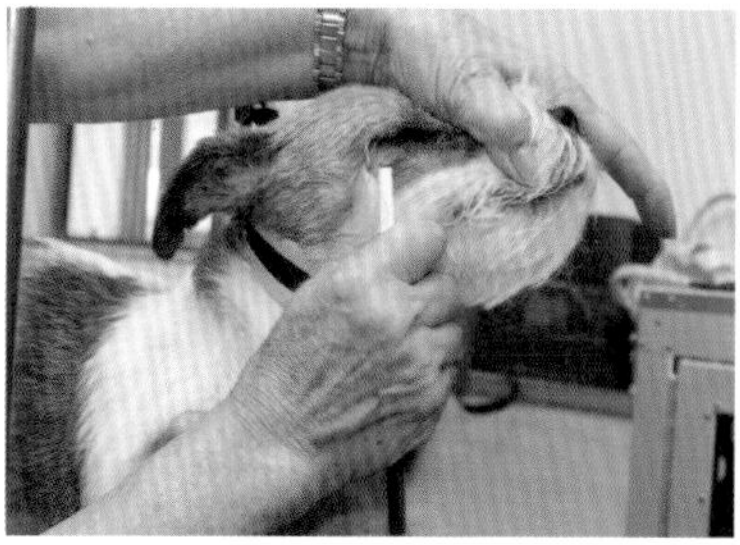

目尻から真っ直ぐ下ろし、反対側の目尻につないだラインより外側をベリーショートにするのがポイントです。不要な毛を抜いていきます。この作業を「フラットワーク」と呼び、面をていねいに均一に（平らに）します。ビロードのようになるのが理想です。

まず下方向に垂直に、トリミング・ナイフやストーンを使って毛を取ります。次に、鼻の左右の角の被毛をつまむようにして死毛を取っていき、正面から見て鼻周りが丸く見えるように仕上げていきます。

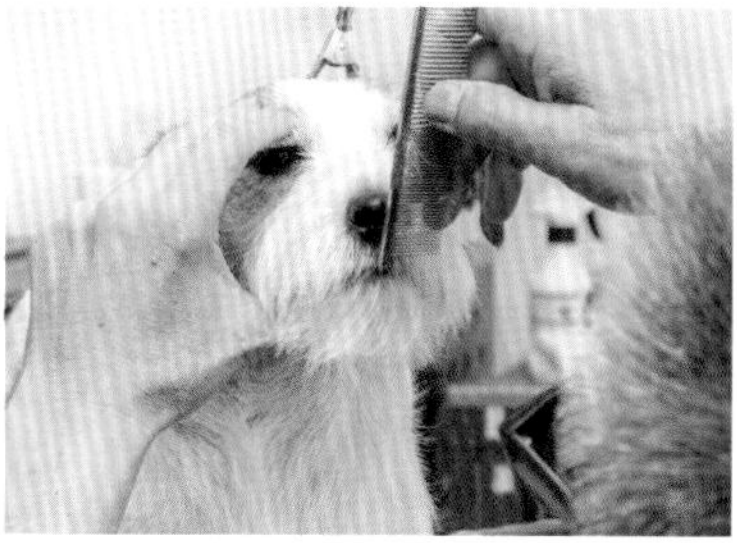

唇から顎ひげの下までと、唇から鼻の先まではそれぞれ１：１の比率で、被毛があるのがベストバランス。

コームを使ってマズルの毛を前方にとかし、鼻より前に出る毛を指で抜きそろえます。

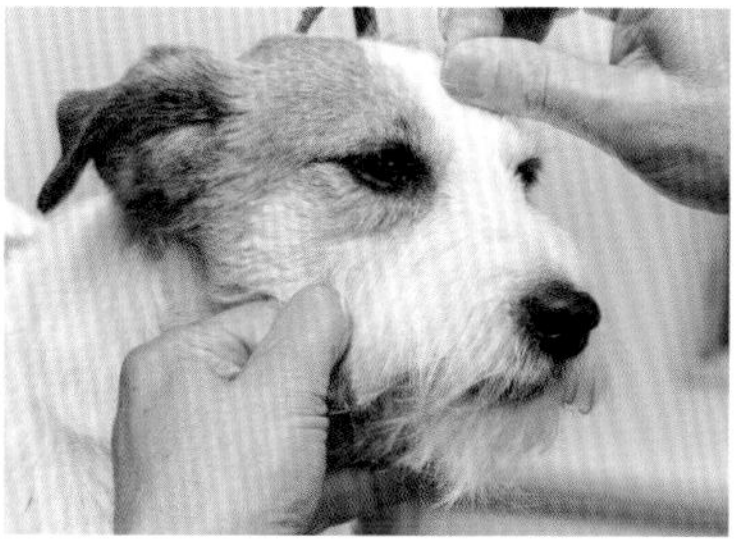

目頭にかかっている毛を取りましょう。マズルとスカルのバランスが１：２に仕上がるように、目のあいだと、目頭から鼻先まで1/2のところまでを短く整えます。目頭から眉を通って目尻まで、眉毛ができるように被毛を抜きます。自然と開きます。

耳のつくり方

小さく三角に見せるのが
ポイントです。

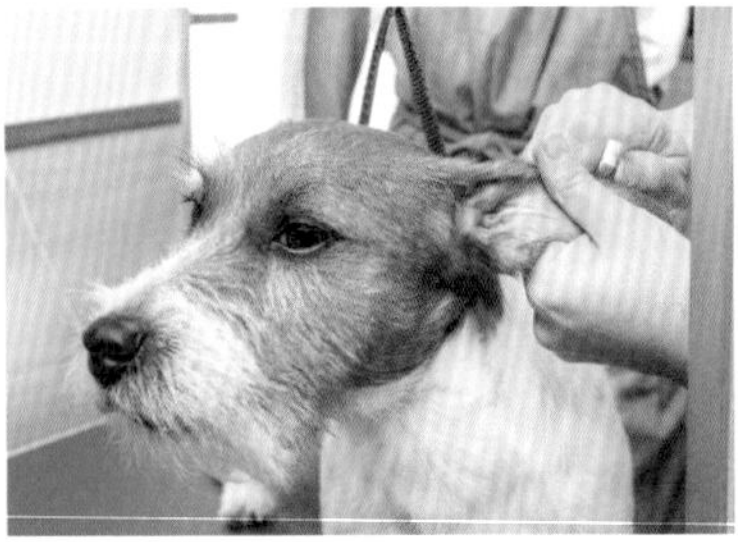

耳は、ジャックらしい「鋭利さ」を表現したいパーツです。耳のラインがシャープになるように、余分な毛をトリミングストーンで抜きましょう。とくに、耳のつむじのあるあたりをすっきりさせるのが、凛々しく仕上げる秘けつです。

写真右側は、耳のトリミングが仕上がった状態。反対の耳に比べて、ラインからはみ出している被毛がなく、すっきり軽く見えます。

首のつくり方

長くすっきりとして
見えるようになれば成功です。

ブロークンの場合は首や胸の被毛もトリミングします。毛の流れに沿って、トリミングストーンを放射線状に動かすのがコツです。

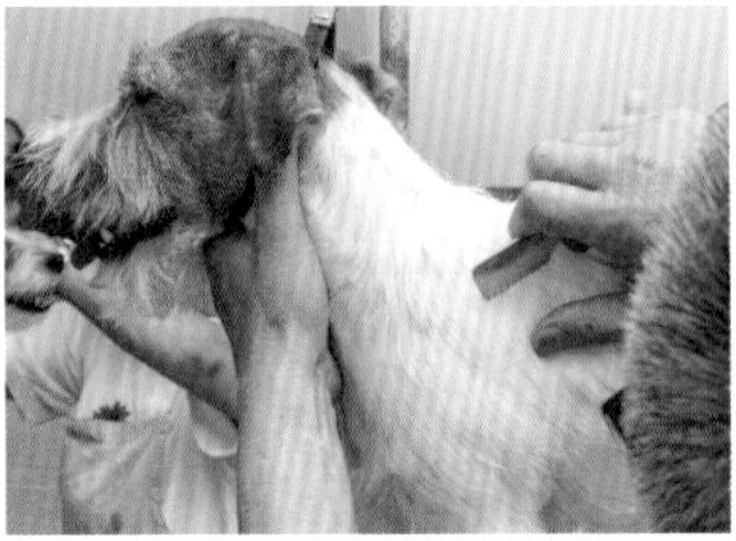

首の前側はベリーショート、後ろ側はミディアムです。のど～前胸をていねいに整え、首がきれいにボディにつながるように抜きそろえていきます。

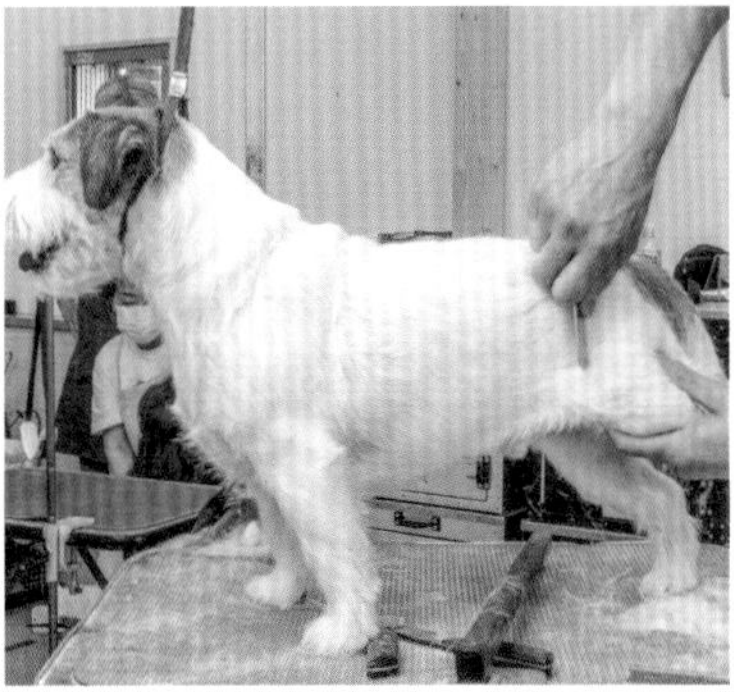

ボディのつくり方

ジャックならではの機能美を
引き立てましょう。

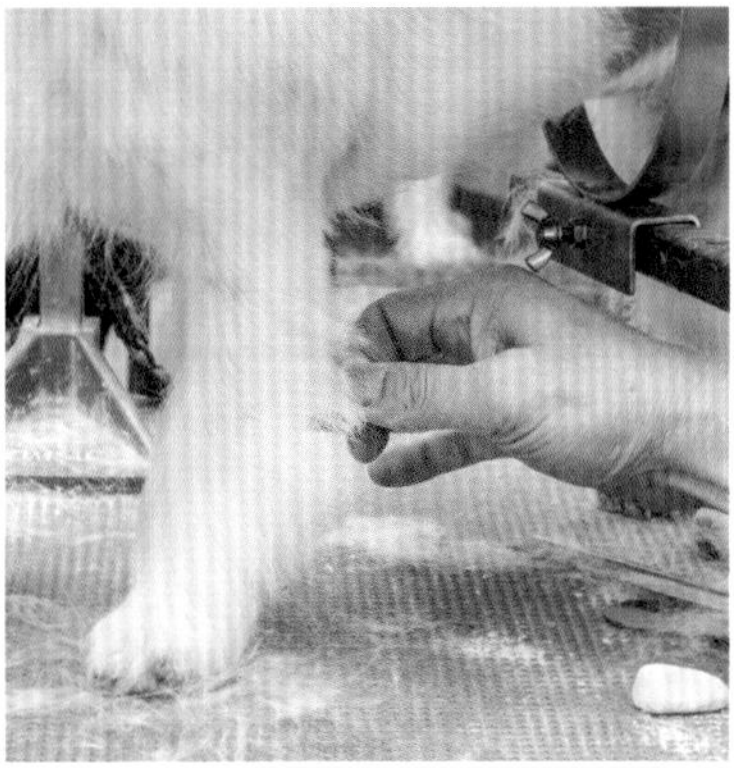

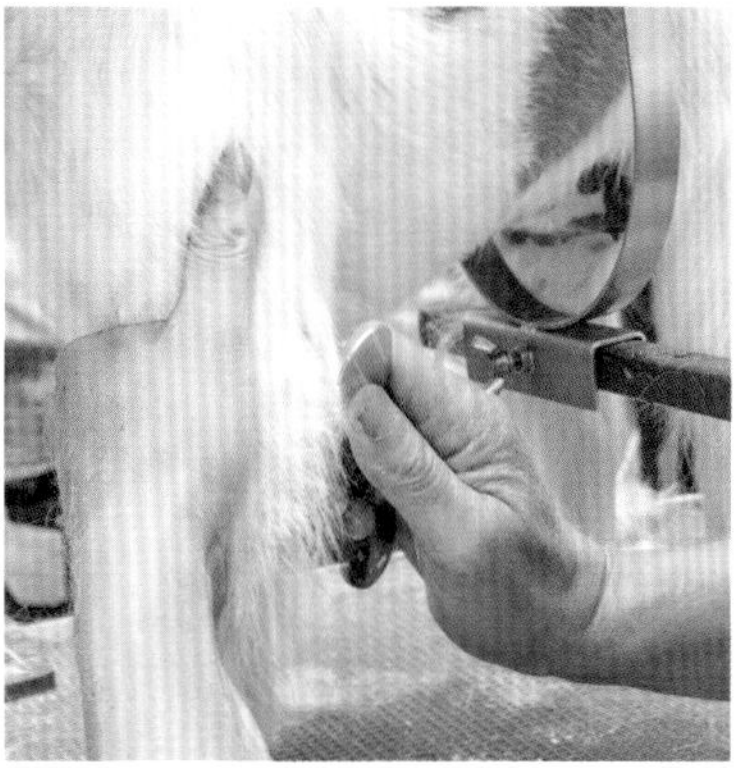

ジャックの場合、キ甲〜肘と肘〜地面が１：１に見えるのが理想。肘より上の毛とお腹の下の毛は、このバランスを意識して毛を抜きながら調整します。例えば、脚がやや長い犬の場合、お腹の下の毛を長めに残すことでカバー。また、後肢の付け根の被毛も抜いて、起点がわかるように作ります。横から見たときに、アウトラインから出る毛を取るイメージで作業を進めます。

正面だけでなく、横から見たりすることも大事。すでに仕上がっている理想像の写真を見ながらトリミングをするのがおすすめです。

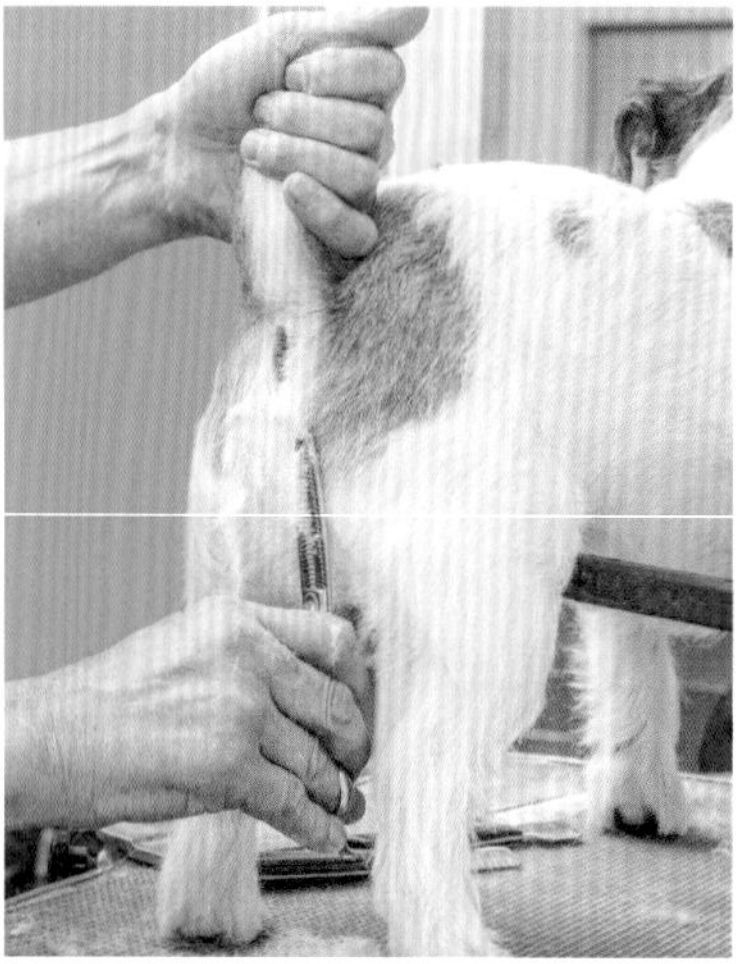

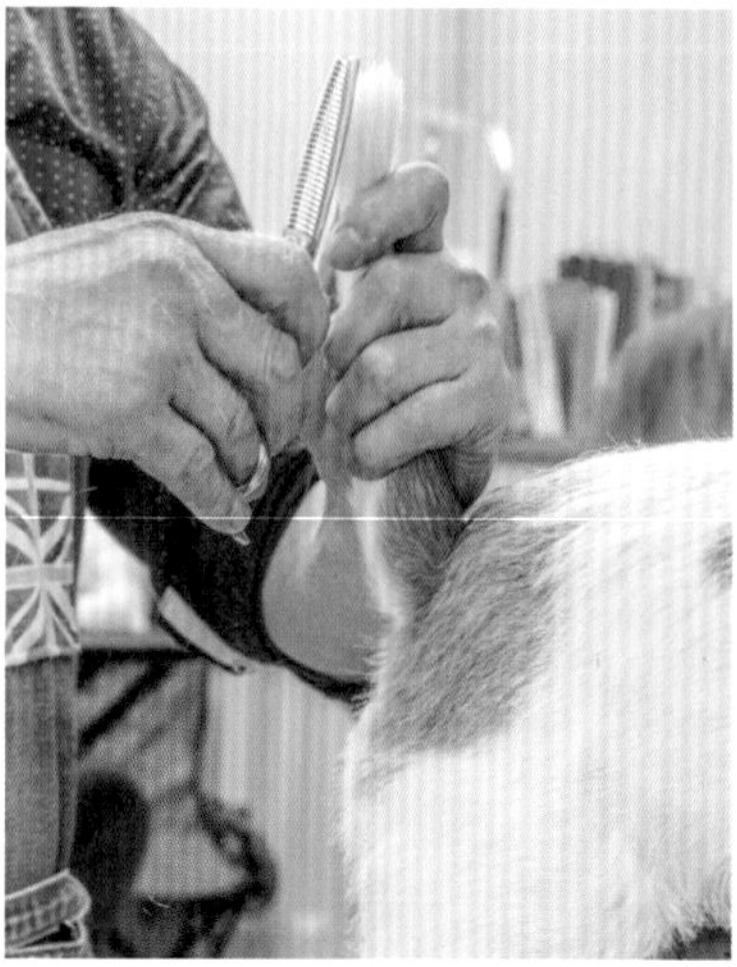

お尻やしっぽもプラッキング。最後に、スキバサミで整えます。

完成形がこちら。ジャック本来の機能美が際立っています。

やわらかすぎる飾り毛や伸びきった被毛は、迷わず抜いてしまいましょう。そのほうが、硬くて良い被毛が生えてきます。

パーツごとに
使いやすいトリミング・ナイフや
トリミングストーンを選びながら、
トリミングをしてください

Part5

ジャック・ラッセル・テリアのかかりやすい病気&栄養・食事

ジャック・ラッセル・テリアがかかりやすい病気について
わかりやすく解説します。
注意したい病気とその対策、さらに
栄養学の基礎と食事に関しても学んでいきましょう。

ジャックの体

まずは、ジャックで起こりやすい健康トラブルをご紹介。
原因やサインを覚えて、愛犬の健康チェックに役立てましょう。

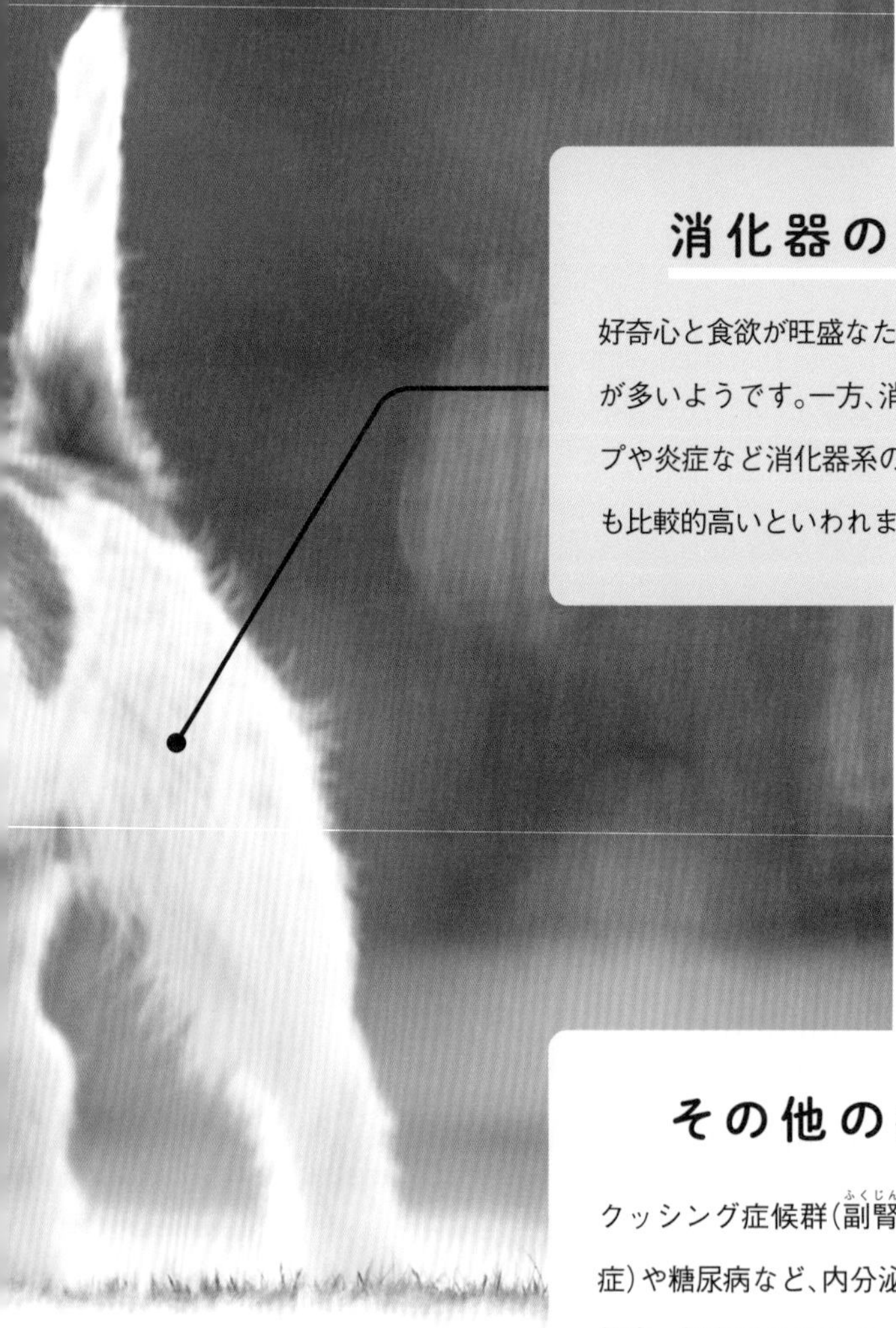

消化器の病気

好奇心と食欲が旺盛なため、誤食や誤飲が多いようです。一方、消化管のポリープや炎症など消化器系の病気の発症率も比較的高いといわれます。

その他の病気

クッシング症候群（副腎《ふくじん》皮質機能亢進《こうしん》症）や糖尿病など、内分泌の病気が比較的多い傾向にあります。

皮膚の病気

アレルギー性皮膚炎やマラセチア性皮膚炎などの皮膚トラブルがやや多いとされています。ストレスが原因で起こるケースがあるのも特徴です。

骨・関節の病気

運動量が多く動きが激しいだけに、脱臼や骨折が多く見られます。シニア期だと重症化しやすいので要注意。また、多少痛みがあっても気にせずいつも通りに生活していることがあるので、飼い主さんが異変に気づけないケースも。

定期健診の重要性

トラブルは早期発見・対処して、愛犬の健康をキープしましょう。

健康キープのために動物病院の活用を

「ペットが病気やケガになって初めて動物病院に行く」という飼い主さんが多いと思いますが、元気なときから定期的に動物病院へ通うのをおすすめします。はっきりした症状が現れているということは、病気がある程度進行しているため。そうなる前に通院していれば、まだ軽症なうちに治療をスタートすることができるからです。

ジャック・ラッセル・テリアはほかの犬種に比べるとかかりやすい病気も少なく、骨格もしっかりしているので健康面の心配は少ないように思えます。しかし、運動しているときのケガやシニアになってからの急な体調変化などもあるので油断は禁物です。できれば若く健康なうちから、激しすぎる運動や食べすぎを防いであげましょう。

また、かかりつけの動物病院を決めて、半年に1回程度は血液検査や尿検査などを含む健康診断を受けることをおすすめします。健康な状態の数値（血糖値など）を把握しておけば、異常が起きたときに発見しやすくなるからです。

若くても気をつけなければいけない病気もあれば、シニアになってから発症しやすくなる病気もあります。愛犬が今元気だからと言って油断せず、ふだんから様子を観察し、動物病院に定期的に通う習慣をつけておくと安心です。

信頼できる動物病院を見つければ、もしものときも安心です！

骨・関節の病気

運動が大好きなジャックだからこそ、
整形外科系の病気のリスクと隣り合わせ。
ここでしっかりチェックして、愛犬の健康管理に役立ててください。

大腿骨頭《だいたいこっとう》壊死症《えししょう》

足を引きずって歩くなどの症状が見られます。

原因と症状

小型犬の成長期（1歳未満）によく見られる股関節疾患です。レッグ・ペルテス病ともいわれ、大腿骨頭（太ももの骨と骨盤をつなぐ部分）に十分な血液が供給されずに壊死する病気です。発症すると成長期に関節の形状が正しく作り上げられず、股関節にゆがみが生じます。

痛みから発症したほうの足を使わなくなるため、関節そのものがねじれたり、筋肉が萎縮してしまいます。

診断と治療

触診して股関節の可動域が狭くなっていたり、痛みを感じているようなら、レントゲン検査を行います。関節の形状に異常が見られたり、筋肉量が減少していることがわかった場合は大腿骨頭壊死症と診断します。

できるだけ早い段階での治療が効果的です。大腿骨頭切除術に加えて数か月かけてリハビリテーションを行うことで、股関節の痛みがなくなり、通常の生活が可能になります。

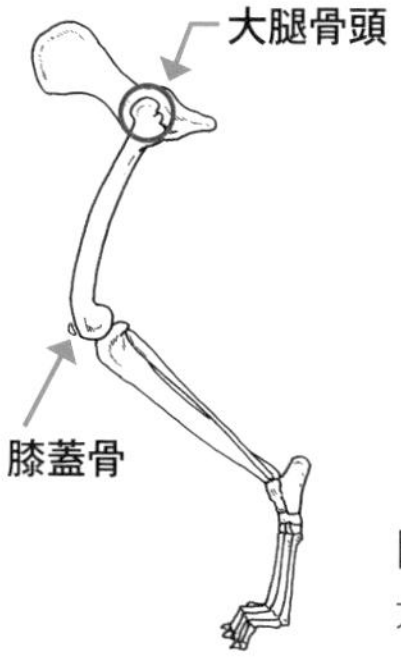

図
犬の後ろ足の骨格

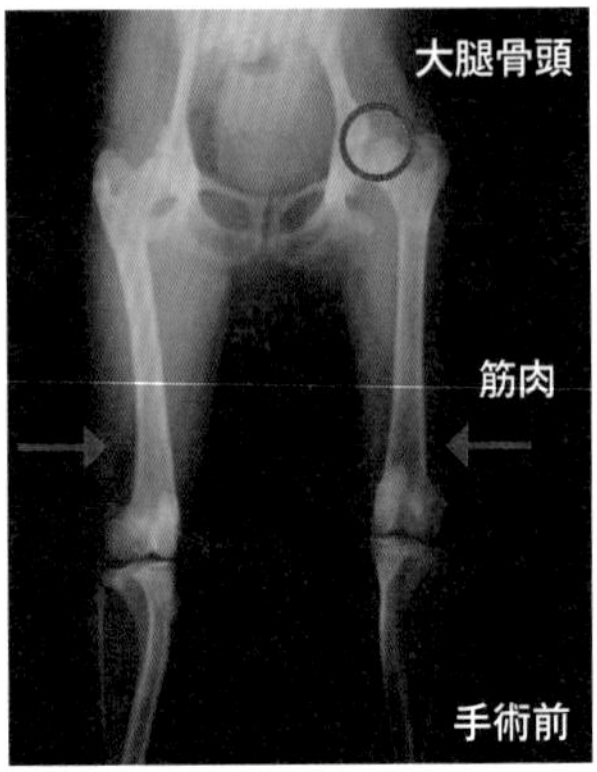

大腿骨頭壊死症のポメラニアンのレントゲン写真。向かって右側に、大腿骨頭の変形と大腿部の筋肉の萎縮が確認できます。

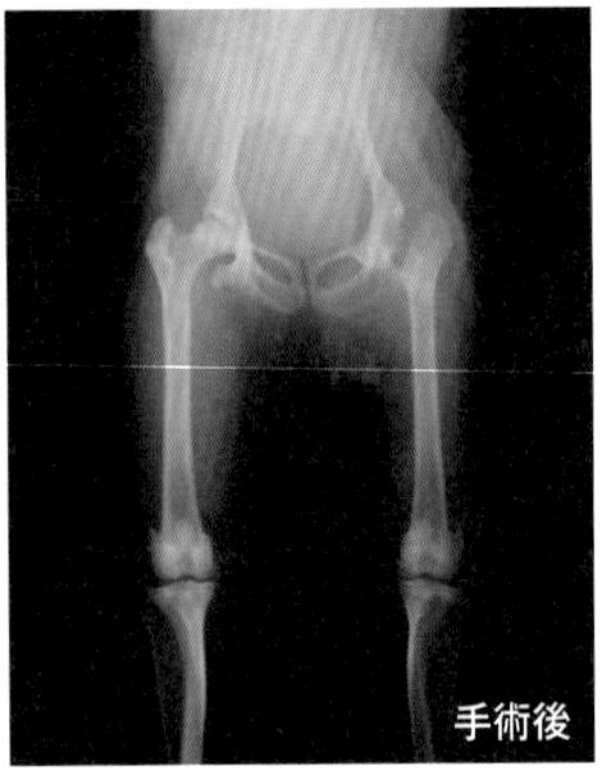

股関節痛の原因である、変形した大腿骨頭が切除されています。

膝蓋骨脱臼《しつがいこつだっきゅう》

ジャックは事故などの外傷によるものが多いようです。

原因と症状

膝蓋骨とは、「膝のお皿」といわれる楕円形の小さな骨のこと。大腿四頭筋、大腿滑車溝、膝蓋靭帯《じんたい》、膝蓋腱、脛骨粗面《けいこつそめん》とともに膝関節を構成しています。通常は大腿滑車溝というくぼみにはまっていて、移動することで屈伸運動がスムーズにできる仕組みになっています。

ところが、膝蓋骨が大腿滑車溝からずれることがあり、内側に外れた状態を内方脱臼、外側に外れた状態を外方脱臼と言います。多くのケースで、遺伝的な要因によって関節が成長する過程で脱臼しやすい構造になってしまう発達性（成長過程で徐々に異常が現れる）の疾患だと考えられています。

初期症状として運動中にスキップするような動きを見せる、後ろ足で蹴る動作をするなどが挙げられます。また、一時的な痛みで鳴く、しゃがみ込む、後ろ足を後方にぐっと伸ばす（自力で脱臼した膝蓋骨を元に戻そうとする）などの症状が見られる時期もあります。さらに、脱臼した状態が長く続くと発症したほうの足が内側（外側）にねじれ、うまく踏ん張れずに走ったりジャンプすることができなくなります。足を使わなくなるので、筋肉の萎縮にもつながります。

診断と治療

触診によって内側・外側のどちらに脱臼しているか、グレードはどの段階かを診断（表を参照）。また、レントゲン検査によってどれくらい骨格が変形しているか、前《ぜん》十《じゅう》字《じ》靭帯断裂などほかの症状が出ていないかを調べることもあります。

基本的に時間が経つにつれてグレードが進行し、軟骨の損傷や骨格の変形が進みます。膝関節がねじれたまま放置していると、関節を構成するほかの部位に負荷がかかることも。とくに成長期の犬の場合は、骨の成長とともに骨格の変形も進んでしまうため、早期の手術が必要です。

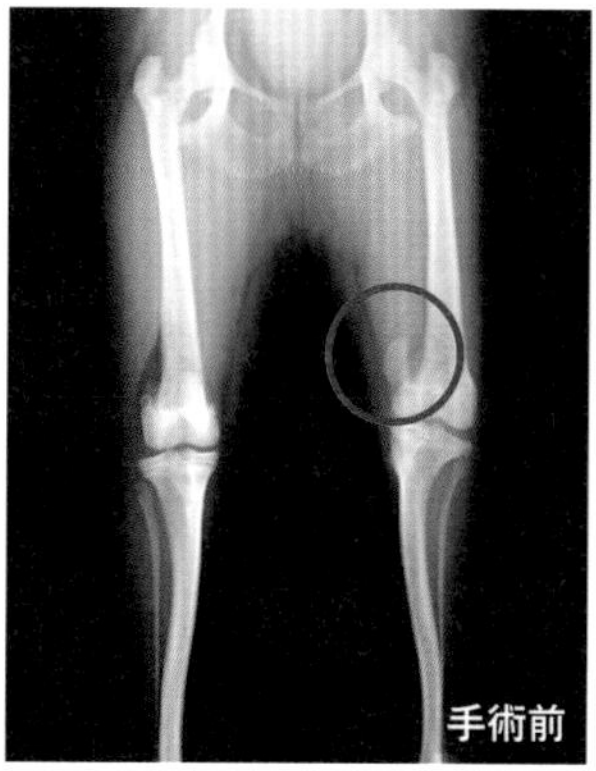

膝蓋骨脱臼を起こしたトイ・プードルのレントゲン写真。向かって右側の足の膝蓋骨が脱臼しています。

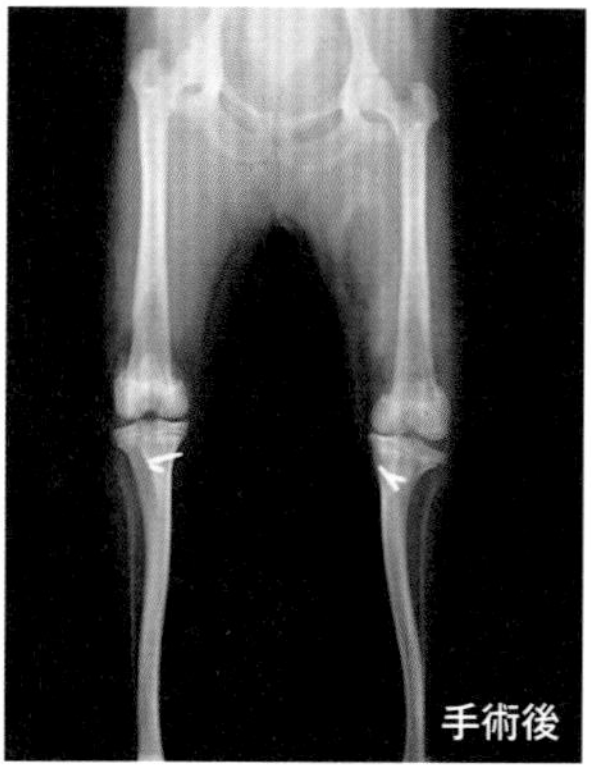

膝蓋骨が大腿滑車溝にはまるように調整し、ピンで固定。

グレード2や3で
かなりの痛みがあるはずなので、
早い段階で
外科手術を検討します

症状のグレード

グレード 1	ふだんは正常な状態。指で押すと外れるが、自然と元に戻る
2	ふだんは正常な状態。指で押すと外れ、運動時に脱臼することがある。自然と元に戻るときと、そうでないときがある
3	つねに脱臼しているが、指で元に戻すことができる。大腿骨や脛骨の骨格に異常が見られる
4	つねに脱臼していて、指で押しても戻すことができない。脛骨が大きくねじれていることがある

膝蓋骨脱臼と診断された場合は、症状の程度や関節を構成する骨や組織の状態に応じた治療を検討します。手術の目的は以下の２つです。

①脱臼した膝蓋骨を大腿滑車溝上に安定させる

②膝の動きに重要な筋肉・靭帯を最適な状態に調整する

手術はその犬の症状に合わせて、いくつかを組み合わせて行います。

前十字靭帯断裂

ワンコによく発生する、
後ろ足の整形外科疾患です。

前十字靭帯とは、膝関節を構成する靭帯のひとつで、脛骨が前にずれたり、内側にねじれたりするのを防ぐ働きを持っています。これが何らかの原因で切れてしまうのが前十字靭帯断裂。突発的な外傷（高いところから飛び降りる、交通事故など）による外傷性断裂もありますが、多くは変性*性断裂で、加齢に伴う変性のほか、膝蓋骨内方脱臼の慢性化などにより前十字靭帯へストレスが加わり続けた結果、断裂します。

*変性…加齢や炎症などで衰えること。

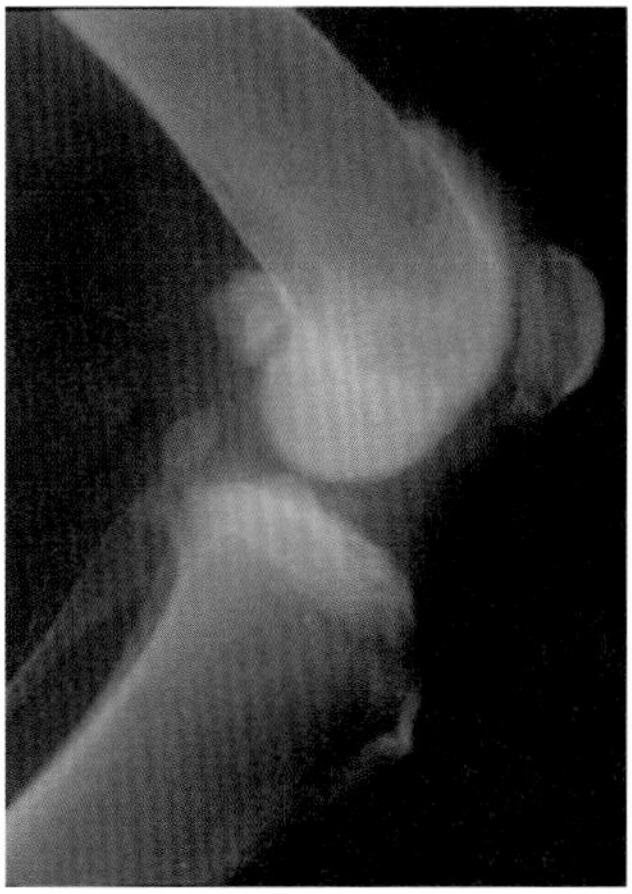

レントゲン検査では、前十字靭帯の断裂に伴って起こる関節液のたまり具合や関節軟骨の変形などを調べます。

消化器の病気

食欲旺盛なジャックではとくに注意したい、
消化器のトラブルを紹介します。

胃腸炎

予防のためには、飼い主さんによる食事管理が重要です。

動物病院に胃腸炎で来院する犬は、四季を問わず1年中多いのが特徴で、これはジャックに限ったことではありません。

下痢や嘔吐が主な症状ですが、意外なことに原因の第1位は「食べすぎ」。食べすぎは胃腸炎のみならず肝炎やすい炎、糖尿病の原因にもなりますし、肥満になるとそれこそ万病の元です。気をつけましょう。

対処

ワンコは自己管理ができないので、飼い主さんが愛犬の体格や年齢に見合った食事管理をしてあげることが必要です。また、ワンコによっては「これを食べたら下痢しやすい・嘔吐しやすい」という食材があるかもしれません。愛犬がいつ何を食べたか、どんな排泄をしたかをよく見て、食べものとの相性を日ごろからチェックしておいてください。

予防のポイント

ジャックはかなり食いしん坊な犬種です。今は栄養価の高いフードや高カロリーのおやつがたくさんありますが、あくまで適量を守りましょう。

誤飲・誤食

飲み込んだものによっては、
手術が必要になることも。

食いしん坊なジャックは、本来食べものではないもの、食べてはいけないものを口にしてしまうこともしばしば。実際にあった例としては、散歩中に道端で見つけた傷んだ食べもの、石、室内ではボタン、オモチャ、靴下や人間用の薬などが挙げられます。胃腸炎で終わればまだいいのですが、誤食した内容によっては中毒や腸閉塞を起こすこともあるので要注意です。

対処

異物が胃の中にあれば、内視鏡で摘出可能な場合もあります。しかし、異物が腸の中にあって腸閉塞を起こしている場合には、緊急手術が必要となり命にかかわる事態に発展する可能性もあります。

予防のポイント

誤食は病気ではないので、飼い主さんが予防の努力をするしかありません。犬の活動範囲にあまりものを置かない、また拾い食いをさせないよう子犬のころからトレーニングをするなど、誤食の予防を心がけましょう。

皮膚の病気

ワンコに多いのが皮膚トラブル。
症状と対処方法をチェックしましょう。

アレルギー性皮膚炎

アレルゲンは犬の年齢や環境などで変わることもあります。

皮膚病はワンコにおいて最も多い病気です。なかでもアレルギー性皮膚炎は、ジャックでも比較的よく見られます。

症状としては、初期には体（顔や四肢など）をかゆがり、皮膚が赤くなります。進行して慢性化すると、毛が抜ける（その後は生えてこない）、色素が沈着して皮膚が黒ずむ、皮膚が厚くなって象のように硬くなる、などの症状が出るようになります。こうなってしまうと、なかなか元の状態には戻りません。

対処

前述の症状が見られるようなら、一度かかりつけの動物病院で診察を受け、アレルギーの疑いがあるかどうかチェックしてもらいましょう。

アレルギーの原因としてはダニ・ノミやハウスダスト、花粉などの環境因子と食べ物が代表的です。検査である程度原因となっているアレルゲンを絞り込めるので、原因がわかったら避けられる原因物質を愛犬から遠ざけます。

予防のポイント

犬本来の食事からかけ離れた食べ物（甘いおやつ類や味付けの濃い人間の食べ物、添加物を多く含んだ食品、乳製品など）はアレルギーを悪化させることがわかっています。まずは一度、愛犬のふだんの食生活を見直してみてください。

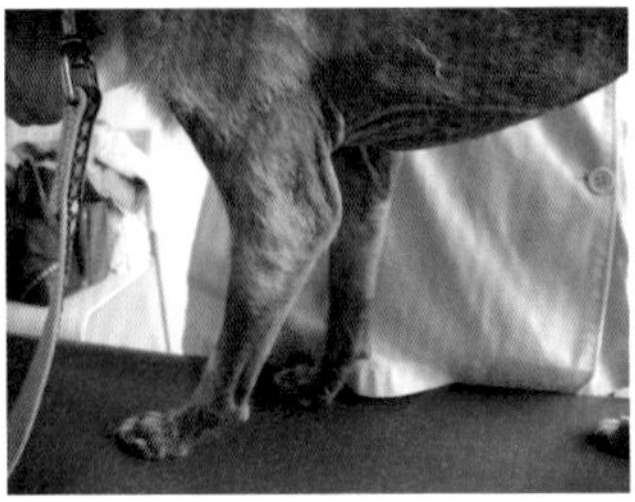

アレルギー性皮膚炎で四肢〜腹部の毛が抜けた状態（柴）。

膿《のう》皮《ひ》症

細菌感染によって起きる皮膚炎です。

ジャックの毛は剛毛で毛穴が広いせいか、細菌が毛穴に侵入して起こる細菌感染性の皮膚病（膿皮症）にかかりやすいようです。

症状としては、背中やお腹といった体幹部を中心にプツプツと湿疹ができ、かゆがります。しきりに引っかくことで皮膚に傷ができると、症状はさらに悪化してしまいます。

対処

症状が軽度なら、塗り薬だけでコントロールが可能です。しかし、進行すると抗菌剤の長期内服が必要になるので、日ごろからのケアが大切です。

予防のポイント

抜け毛やフケが体表に残ったままだと、皮膚の通気性と抵抗力が落ちてしまい、膿皮症を発症しやすくなります。定期的な全身のブラッシングとシャンプーで、皮膚を清潔に保ちましょう。

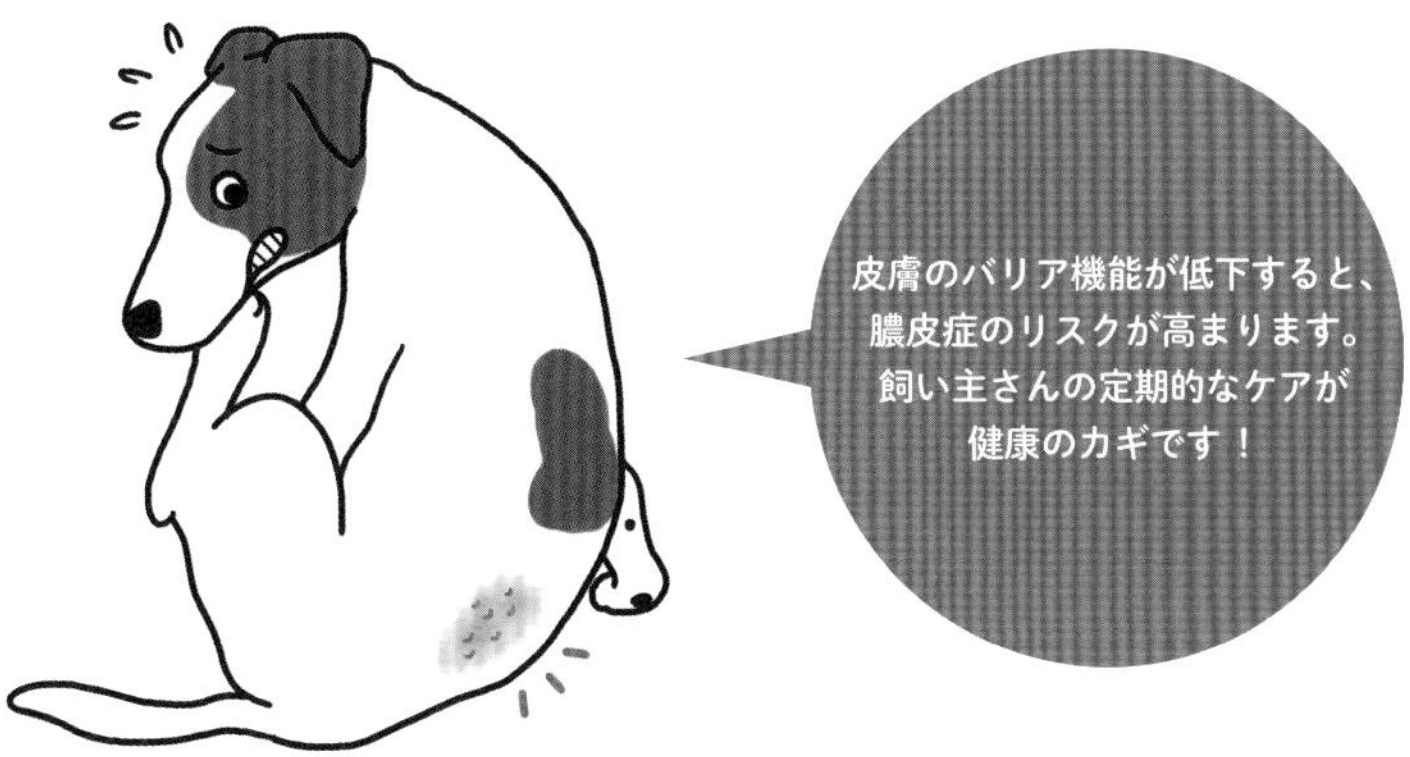
皮膚のバリア機能が低下すると、
膿皮症のリスクが高まります。
飼い主さんの定期的なケアが
健康のカギです！

目の病気

愛犬の目が見えにくそうだったり、目を気にしているようであれば、早めに動物病院で診てもらいましょう。

白内障

シニア期に起こりやすい
目の病気です。

目の水晶体は眼球の中にあり、カメラで言うとレンズに相当します。この水晶体が白く濁ってきて、視力が低下するのが白内障です。

加齢とともに徐々に進行する老化現象的な病気なので、犬種を問わずどの犬にも見られます。しかしジャックでは、若いうちから進行する若年性白内障が見られ、これには遺伝的な要因が大きいといわれています。

対処

初期であれば、進行を遅くする点眼薬を使います。目が白くなったかなと感じたら、なるべく早めに動物病院を受診してください。水晶体以外に異常がなければ、手術による視力回復が可能なケースもあります。

予防のポイント

早く治療を始めれば、ある程度進行を遅らせることのできる病気です。初期では水晶体がわずかに白く濁る程度なのでなかなか気づきにくいですが、ふだんから愛犬の目をよくチェックしてあげましょう。

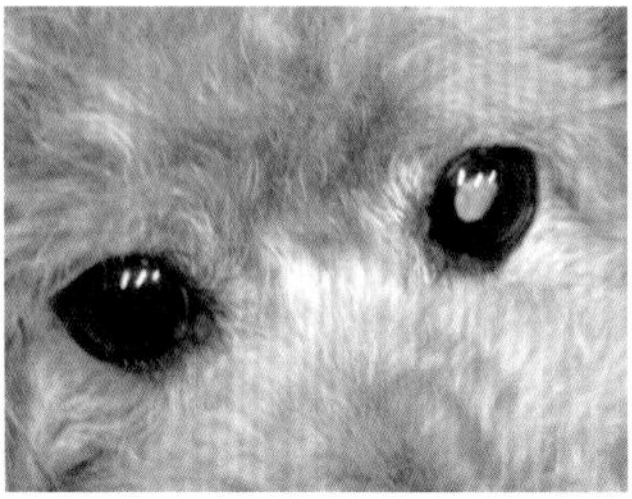

目の水晶体が白く濁り、白内障を発症したことがわかる（トイ・プードル）。

糖尿病

内分泌（ホルモンによる体の調節システム）の病気にも要注意です。

糖尿病とは？

ジャックの場合、人間とは発症の原因は異なることが多いようです。

元気で活動的なジャック・ラッセル・テリア。意外かもしれませんが、ジャックによく見られる病気のひとつが糖尿病です。

人間の糖尿病は、肥満や生活習慣（食事・運動・喫煙・飲酒など）が発症や進行にかかわることが多いといわれています。確かに食べすぎて肥満になったり、運動不足になるジャックもなかにはいます。ただ、ジャックの場合はそれらが原因ではないようです。

じつは、犬の糖尿病の多くは人間とは違って遺伝的な問題が背景にあると考えられています。さらに、ジャックで比較的多いクッシング症候群（副腎皮質機能亢進症／副腎皮質ホルモンの分泌に関係して起こる病気）が、糖尿病の引き金となることも多いようです。

発症の仕組み

進行すると、肝不全や腎不全などいろいろな臓器に症状が出ることも。

糖尿病は、すい臓で分泌されるインスリンという血糖調節ホルモン（食事から摂取した糖分を全身の細胞が吸収するために必要）の不足が原因で起こる病気です。

通常、犬や人間の体の細胞は糖（ブドウ糖）をエネルギーとして活動しています。インスリンが足りなくなると血液中の糖の濃度が濃くなり高血糖といわれる状態になります。すると腎臓が再吸収できる閾値《いきち》（限度）を超えて尿糖（尿に含まれる糖分）が出現。また全身の細胞に十分な糖が行き渡らなくなり、結果的にさまざまな内臓に異常が生じるのです。

尿糖は浸透圧が高いので尿の量が増え、それに伴って飲水量も増加しますが、排出する量のほうが多いため徐々に脱水状態になります。食欲はむしろ増していきます。

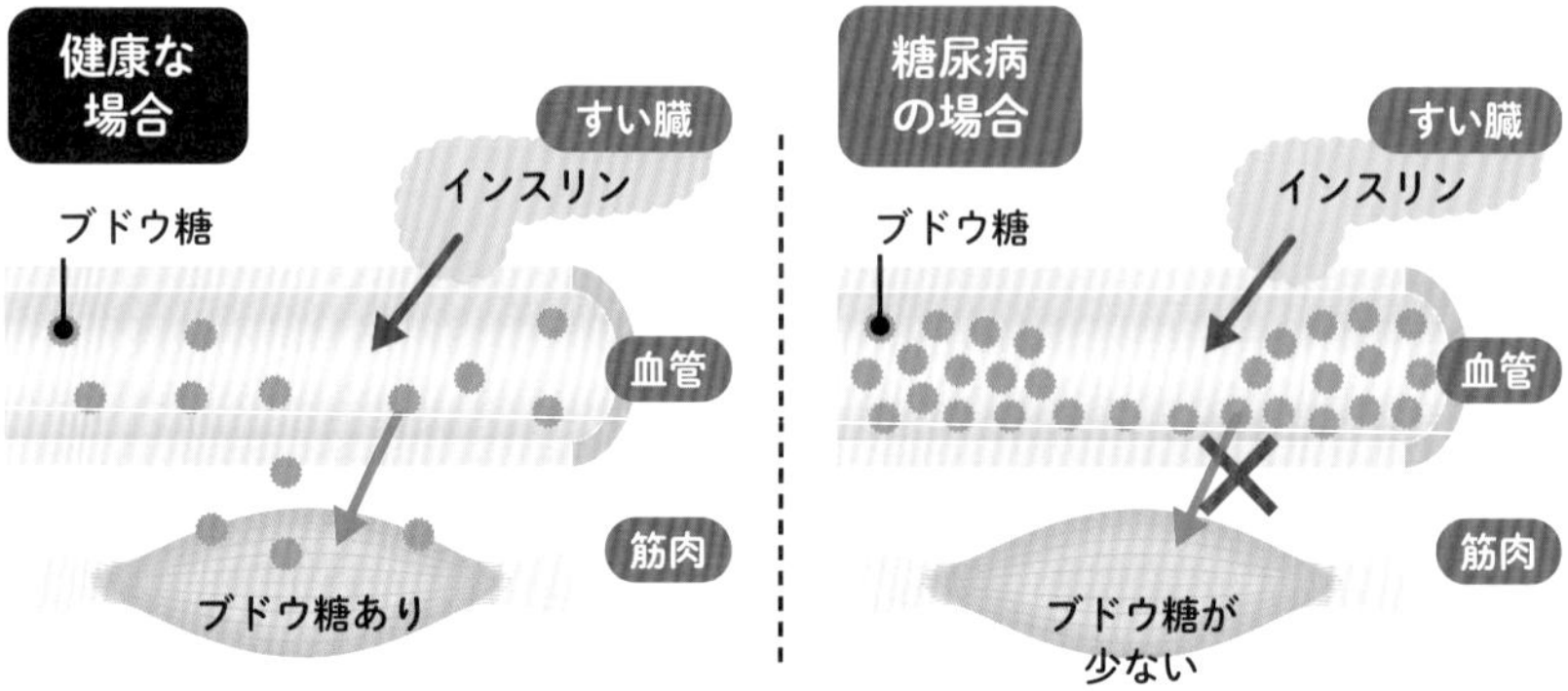

早期発見の重要性

症状が見られたら、早めに動物病院へ。

糖尿病は、早期発見・早期治療が重要な病気。愛犬に以下のような症状が見られたら糖尿病のサインかもしれないので、早めに動物病院で診てもらいましょう。

- ●飲水量が増える
- ●尿量が増える
- ●食欲が異常に増す
- ●体重の変化（増える場合も減る場合もある）
- ●目が急に白くなる（糖尿病が原因の白内障の可能性）など

糖尿病が進行して重症化すると、急に倒れて昏睡状態になることもあるので要注意。ただ、早めに適切な治療を行えば進行を抑え、愛犬に寿命をまっとうさせられる可能性は十分あります。もし愛犬が糖尿病を発症しても心配しすぎず、獣医師と相談して対策を練ってあげてください。

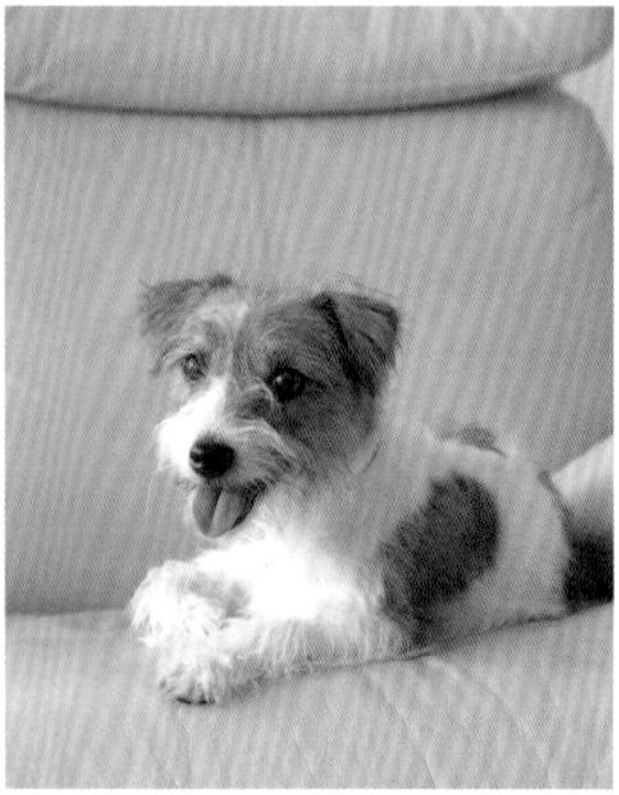

治療

食事療法とインスリン治療をバランス良く行います。

身体検査や血液検査、尿検査などで糖尿病と診断されたら、状態に合った治療を開始します。とくに糖尿病性ケトアシドーシスという合併症を起こした状態になっている場合は命にかかわるので、すぐに入院しなければなりません。そうでなくても、ある程度進行しているときはいったん入院して治療の方針を決めることをすすめられるケースが多いでしょう。

入院したらまず点滴で脱水状態を改善してから、次の2種類を組み合わせた治療を行います。

【食事療法】
栄養バランスに配慮した食事で体の調子を整える。犬の場合はこれだけで改善は難しいため、インスリン治療と組み合わせる。

【インスリン治療】
注射などで足りないインスリンを補う。最初の入院時に（初期の）必要なインスリン量を決める。

症状が安定したら自宅に戻り、飼い主さんによるケアが始まります。中心になるのは、注射によるインスリンの投与。糖尿病の犬にとって一生必要になるものなので、飼い主さんの責任も重大です。注射の仕方をかかりつけの獣医師にしっかり教えてもらって、安全に投与できるように飼い主さんも犬も慣れましょう。最初は怖くても、慣れればスムーズにできるようになるはずです。

治療中も、インスリン量をうまくコントロールできているかチェックすることが重要。インスリンが多すぎて低血糖の状態が続くと、脳に障害が出るなどの危険もあります。定期的に動物病院を受診するほか、愛犬のオシッコの量を観察し、急な増減があったら獣医師に相談してください。

同様に獣医師と相談しながら愛犬の状態に合った栄養バランスの良い食事を与え、食事療法を行います。また、クッシング症候群など糖尿病の原因となる疾患が別にあれば、そちらの治療も必要です。

アウトドアでの注意点

ここでは、外出先で遭遇する可能性のある健康トラブルについて取り上げます。原因・症状を知り、対策を学びましょう。

ノミ

飼い主さんも注意したい寄生虫です。

　数ある寄生虫のなかでも最も古くから知られており、たいていのほ乳類に寄生して吸血します。ノミの成長サイクルは昆虫類の基本形通りで、吸血したメスのノミは卵を室内に産み落とします。ふ化した幼虫は脱皮を繰り返して成長し、サナギになります。成虫になるとサナギから飛び出して動物に寄生。卵が成虫になるまでの期間は温度によって変化し、真夏で約2週間、真冬だとサナギでじっと耐えて半年かかります。

　ノミの吸血による刺激は強く、寄生された動物はとてもかゆがり、発赤《ほっせき》や湿疹を伴う皮膚病を引き起こします。何度も噛まれてアレルギー状態になると、噛まれた部位以外にも皮膚病が広がり、全身性の皮膚病になることもあります。皮膚病は抗菌剤や抗炎症剤、抗ヒスタミン剤などを用いて治療しますが、大切なのはノミの駆除と予防です。

　現在は、１００％効果のある動物用医薬品が飲み薬やスポットタイプなどで各種そろっています。完全室内飼育なら寄生の可能性は低いですが、散歩するなら予防は必須と考えましょう。ノミは人を噛むこともあるので、注意してください。

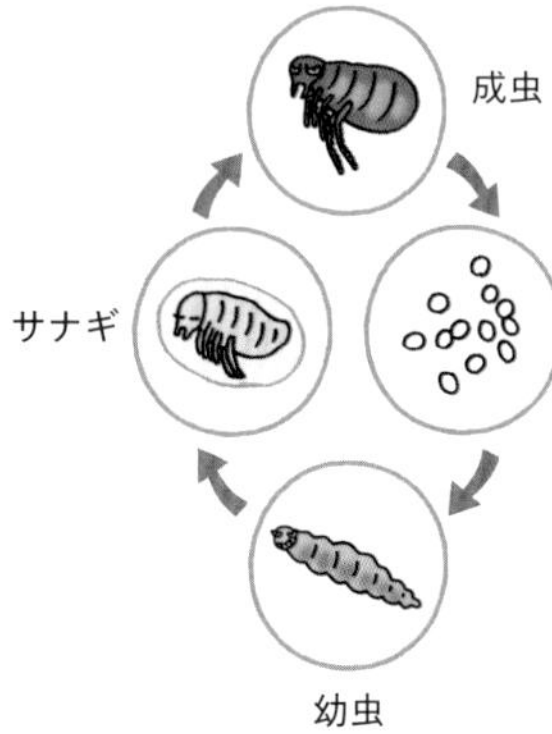

ノミ（ネコノミ）の生活環

マダニ

油断していると、命にかかわる病気になることも。

マダニは世界中に８００種ほど生息しており、日本国内でも10種あまりが確認されています。卵→幼ダニ→若ダニ→成ダニの順に成長し、野山をはじめ河原・公園・草むらで待機して吸血するチャンスを待っています。犬の体表に寄生すると口を皮膚に刺し込んで固着し、吸血開始。血を吸うほどに膨れていき、最初の数十倍にまで大きくなることもあります。

　ノミに比べると皮膚への刺激は少ないものの皮膚病の原因になりますし、吸血部位の傷が細菌感染から化膿することもあります。また、ダニが病原体を媒介することによって起こる代表的な病気としてバベシア症があります。バベシア症にかかると貧血を起こして命にかかわることも多いため、ダニの寄生は何としても防がねばなりません。ノミとダニを同時に駆除できる薬を使って守ってあげましょう。

　さらに近年、ＳＦＴＳ（重症熱性血小板減少症候群）という、ダニが媒介するウイルス性疾患が増えてきて話題になっています。これはダニに噛まれた人間が感染する病気で、有効な治療法がなく死亡率の高い病気です。日頃の散歩やアウトドアでダニの生息地を歩く場合は、気をつけなければいけません。

マダニの生活環

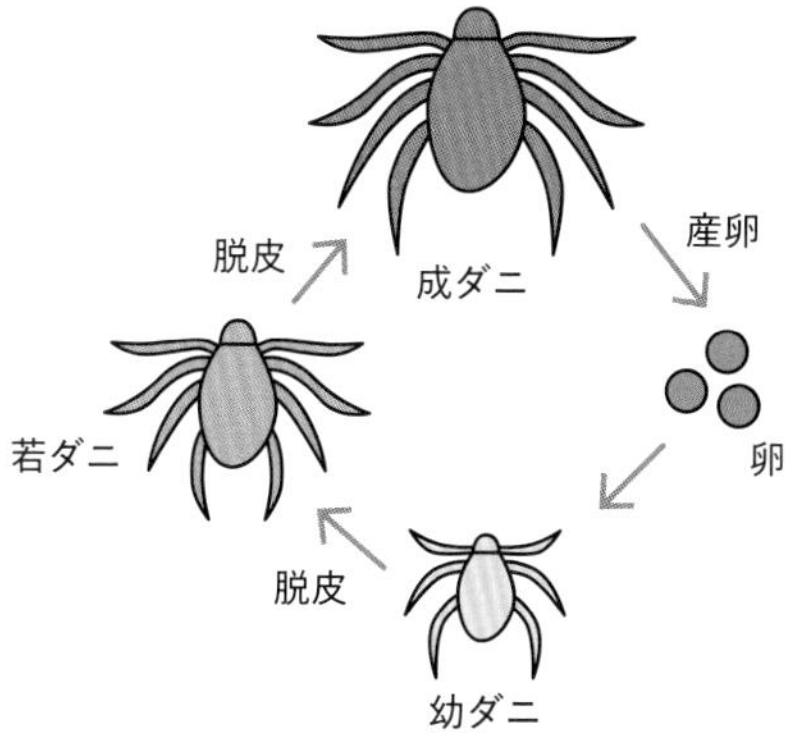

フィラリア

ワンコの健康のためには、予防が何よりも重要です。

回虫と同じ線虫の一種です。感染ルートは複雑で、フィラリアに感染した犬の血液には幼虫であるミクロフィラリアがいて、蚊が吸血する際に蚊の体内に移動し成長します。別の犬を吸血するとフィラリアの幼虫が蚊から犬の体内に移り、半年ほどかけて成長し犬の肺動脈や心臓（右心室）に寄生します。フィラリアは長さ20㎝以上の細長い虫で、ひどいときには何十匹も心臓や肺に寄生して、循環障害や心不全を引き起こします。初期は咳が出る程度で一見元気ですが、進行すると心不全から低酸素症に陥り呼吸困難やチアノーゼが現れます。さらに進行すると、最終的には肺の損傷による喀血《かっけつ》や循環不全からくる腹水貯留を起こして死に至ります。

治療は手術によるフィラリア虫体の除去、もしくは薬による殺滅などがありますが、フィラリアを退治しても心不全や呼吸器疾患の治療が長期あるいは生涯にわたって必要になります。したがって、フィラリアは治療より予防が何より重要な疾患なのです。今は安全で確実なフィラリア予防薬が数多く存在しています。犬を飼い、犬とともに健康でしあわせに過ごしていくためには、フィラリア予防は欠かせないのです。

犬レプトスピラ感染症

人獣共通感染症のひとつ。水辺に行くときは注意しましょう。

ウイルスではなくレプトスピラ菌（細菌）が原因の伝染病です。5種類以上の型があり、どれに感染したかで症状は一部異なりますが、発熱・食欲不振から始まり、黄疸、出血傾向（鼻血、血便、血尿）などが見られます。早期診断ができたら抗菌剤の投与で回復しますが、重症化すると腎不全から尿毒症になり命にかかわることもあります。

感染源はネズミです。昨今は犬とネズミの直接接触はまれでしょうが、ネズミの排泄物が混じった水を飲んで感染するケースがあるようです。感染犬と体をなめ合うことで犬同士の感染も起こります。

レプトスピラ症が恐ろしいのは人間にも感染・発病することで、人獣共通感染症（ズーノーシス）のひとつと認定されています。いったん発症を認めたら保健所に届出を出し、感染を防ぐ措置を講じなければならない「届出伝染病」の一種でもあります。

とくに水辺で感染することが多いため、海・川・湖など水のある場所でのレジャーを安全に楽しむためにも、事前にワクチンを打っておくことをおすすめします。

消化管内寄生虫

ノミを媒介する寄生虫もいます。予防を心がけましょう。

直接アウトドアと関係するわけではありませんが、ノミにまつわる寄生虫もいるので紹介します。

犬の消化管には、いろいろな寄生虫がいる可能性があります。犬に寄生する条虫で代表的なのは、瓜実条虫とマンソン裂頭条虫。瓜実条虫は「片節」という瓜の種のような形の節が１００個以上つながった形をしていて、体長は50㎝以上になります。この片節が寄生部位の小腸から移動して、肛門から出てくるのです。

瓜実条虫が感染してもたいていは無症状ですが、多数寄生すると慢性的な下痢になったり、栄養を横取りされるためやせてくることがあります。片節を発見したら速やかに駆虫することで解決しますが、ノミが媒介して感染する寄生虫なので、同時にノミの駆除・予防を行わないと感染を繰り返すことになります。

ジャックのための栄養学

**食事と栄養は健康の基本。
人と犬の違いやジャックならではのポイントをご紹介します。**

栄養学の基本

食事の大切さや、
人と犬の違いについて
理解しましょう。

「栄養学」とは

「栄養学」というと難しく聞こえますが、「食べて排泄をする」という毎日の営みが正常に行われることが栄養学の基本です。栄養学では、食べ物が体に良いか悪いかということだけではなく、食べたものが体内でどのような影響を与えているのかを学びます。その結果を教えてくれるのが、便や尿といった排泄物です。とくに便は健康状態の鏡。良い便が規則的に排泄され、適正体重が維持できているとき、現在の食事は愛犬に適している良い食事と考えられます。一方で、便が硬い、やわらかい、臭い、変な色をしている場合などは、食事が合っていないという体からの〝お知らせ〟です。〝お知らせ〟に従い間違いを訂正すれば、病気の予防にもなります。栄養学では、栄養素の働きで体を調整するために必要な知識を学びます。

栄養素とエネルギー

食物の中には、炭水化物、たんぱく質、脂質、ビタミン、ミネラルの5種類の栄養素が含まれています。炭水化物は糖質と食物繊維に分かれ、糖質は1gあたり4㎉の体をつくるエネルギー源になり、食物繊維は腸内環境を正常にするよう働きます。たんぱく質も1gあたり4㎉のエネルギー源になります。しかし、たんぱく質は骨や筋肉、血液や免疫など体のあらゆる物質の構成成分であるため、エネルギー源としての役割が糖質よりも重要です。脂質は1gあたり9㎉のエネルギー源となり、ホルモンや胆汁の構成成分として、また内臓を外傷から防ぐ皮下脂肪として体を守るために働きます。ビタミンやミネラルは栄養素からエネ

5大栄養素の主な働きと供給源

	主な働き	主な含有食品	摂取不足だと？	過剰に摂取すると？
たんぱく質	エネルギー源 体を作る	肉、魚、卵、 乳製品、大豆	免疫力の低下 太りやすい体質	肥満、腎臓・ 肝臓・心臓疾患
脂質	エネルギー源 体を守る	動物性脂肪、 植物油、ナッツ類	被毛の劣化 生理機能の低下	肥満、すい臓・ 肝臓疾患
炭水化物（糖質/食物繊維）	エネルギー源 腸管の健康	米、麦、トウモロコシ、芋、豆、野菜、果物	活力低下	肥満、糖尿病、 尿石症
ビタミン	体を調整する	レバー、野菜、果物	代謝の低下 神経の異常	中毒、下痢
ミネラル	体を調整する	レバー、赤身肉、牛乳、チーズ、海藻類、ナッツ類	骨の異常	中毒、尿石症、 心臓・腎臓疾患、 骨の異常

ルギーが作られるのを補助し、体を調整する働きがあります。

このように、栄養素にはさまざまな生理作用があるため、摂取量の過剰や不足は体調不良や病気の原因になります。過剰や不足の指標となるのは体重と排便の状態で、これは人も犬も同じです。

水の重要性

成人や成犬の体の約60％は水で構成されています。どちらもしばらくのあいだは食べなくても生きていられますが、犬は水を２日程度飲むことができないと脱水を起こし死亡すると言われています。

水の役割は喉の乾きを潤すだけではありません。体温調節をはじめ、血液の主成分として栄養素や酸素の運搬、そして老廃物の排泄にも働きます。そのため、水分不足は食欲不振などの体調不良から尿路結石、肝臓病やすい臓病などさまざまな病気の引き金となります。便が硬い、コロコロしている、臭い、毎日出ない……といった場合は、水分不足の黄色信号。「命の素」である栄養素と「命の源」である水は、どちらも正常な体の働きに必要なのです。

ジャックの食事

ジャックに必要な栄養とエネルギーのバランスを学びましょう。

犬の栄養バランス

生きるために食事から栄養素と水を摂ることが必要なのは、人も犬も同じです。違うのは、エネルギー源の栄養素の割合です。

食べ物から栄養素を取り出すためには消化・吸収されなくてはなりません。つまり、消化・吸収性が高い食べ物からは効率良く栄養素をとり入れることができるのです。人にとっては糖質、たんぱく質、脂質の順で消化・吸収性が高くなります。一方で、犬は脂質の消化・吸収性が最も高く、たんぱく質、糖質と続きます。このことは、犬の食事にも糖質は必要ですが、人ほど多くは必要ないことを意味します。これは食物繊維も同様で、人と同じ感覚で野菜やイモ類、きのこ類などを与えると軟便や下痢の原因になることも。このような状態が長引くと、体重減少や免疫力の低下を生じます。犬には犬に適した栄養バランスの食事が大切なのです。

栄養バランスとペットフード

ペットフードのラベルには「保証分析値」または「成分」という表示があります。そのフードを構成する栄養素の配合割合が記載されており、粗たんぱく質、粗脂質、粗灰分、粗繊維、水の5つが表示されています。大半のドライフードの水分は10％なので、水分以外について、ジャックにはどのくらいの割合が適しているのかを説明します。

粗たんぱく質

成犬用の総合栄養食に必要なたんぱく質量は、水分が10％のドライフードの場合は最低20％です。成犬用ドライフードでは23～25％が平均ですが、40％以上のフードもあります。

活動量が多い、筋肉量が多い、関節の病気になりやすい、太りやすいといったジャックの特性は、たんぱく質の多い食事に向いています。一方で、たんぱく質という栄養素は体内で利用されるときに体に不要な物質も多く作ります。これを安全に体外へ排泄するためには多くの水が必要になります。そのため、必要以上に高たんぱくな食事は、代謝にかかわる肝臓や腎臓への負荷が大きくなり、また水分不足の原因にもなるのです。よって、ジャックはほかの犬種よりも多くのたんぱく質を必要としますが、健康な成犬のジャックに適したたんぱく質の含有量は、水分10％のドライフードでは28％前後と考えて良いでしょう。

粗脂質

成犬用の総合栄養食に必要な脂質量は、水分が10％のドライフードでは最低６％です。しかし、脂質は嗜好性を左右する栄養素であることや、脂質よりも消化・吸収性が低い炭水化物を増やす量には限界があることから、一般的には30～35％の配合が多く見られます。一方で、近年では肥満や胆泥症といった病気が増えてきたため、脂肪の配合率は以前よりも減少傾向にあるようです。

よって、健康な成犬のジャックに適した脂質の含有量は、水分10％のドライフードでは15％前後が目安と言えそうです。

粗灰分

「粗灰分」とはミネラルのことで、ペットフードではマグネシウムの含有量の指標となります。マグネシウムが必要以上に多く、かつ水分不足の状態は尿路結石症を起こしやすくなります。ジャックはその素因をもった犬種としてよく挙げられるので、この部分にも注意をしたいものです。水分10％のドライフードのラベルに記載されている「粗灰分」は、健康な成犬のジャックで７％前後が目安です。

粗繊維

食物繊維の必要量に基準値はありませんが、成犬用の総合栄養食では３～５％が一般的です。食物繊維は便のもとなので、食物繊維量が増えると排便量も増加します。一見体に良さそうですが、食べたものは１００％が消化・吸収されるわけではなく、一部は便として体外へ排泄されます。そのため、食事中の食物繊維が増加すると、便中に捨てられる栄養素の量も増えてしまいます。よって、適正体重であるジャックの食事中の食物繊維量は、一般的な配合量で良いでしょう。ただし、肥満で減量が必要な場合は、食物繊維量が多いだけではなく、便中に捨てられるたんぱく質や体に必要な量の脂質が不足しないように配慮された、減量用の療法食を選びます。

エネルギーバランス

体重は、食事やおやつから摂取しているエネルギー量と、基礎代謝や運動により消費するエネルギー量のバランスによって増減します。よって、体重の増加は「食べ過ぎ」が原因と言いたいところですが、実際は飼い主さんによる「与えすぎ」が原因です。とはいえ、食べ物をあげると喜ぶ愛犬を前に、あげないことはできないのが飼い主さんの性でしょう。そこで、適正体重を管理するために2つのルールを守りましょう。

1つ目は、適正体重が維持できる主食の量を知ることです。ドッグフードのラベルに100gあたりのエネルギー量が記載されている場合は、100で割れば1gあたりのエネルギー量がわかります。よって、1gあたりのエネルギー量×現在の給与量（g）で、1日に摂取しているエネルギー量がわかります。フードの種類を変えた場合は、そのエネルギー量を基準に給与量を確認します。

2つ目は、適切なおやつの給与量を知ることです。おやつは1日に必要なエネルギー量の一部なので、その10％以内が目安です。この10％のエネルギー量以内であれば、基本的に与えるおやつの種類は問いません。そのためには、与えるおやつのエネルギー量を把握することが大切です。乾燥しているタイプのおやつのなかには、少量でも高カロリーな商品があります。また、とくにデンタルケア用のガムなど、健康関連のおやつはエネルギーを気にせずに与えていることが多いですが、意外と高カロリー。おやつのカロリーを確認する習慣をつけておくと、与え過ぎを防ぐのに役立ちます。

計算例

現在与えているペットフードを100g＝400kcalとすると、1g＝4kcal

現在の1日の給与量は120g

1日当たりの摂取エネルギー量＝4kcal×120g＝480kcal

与えられるおやつのエネルギー量は、480kcal×10%=48kcal

これは、主食の12g（48kcal÷4kcal＝12g）にあたる。

よって、おやつを与える場合の主食の量は120g－12g＝108g

ライフステージとライフスタイル

年齢や環境による違いと
食事の関係を学びましょう。

ライフステージとは、主に年齢の違いのことです。ペットフードでは「成長期、維持期、高齢期」に大別されます。

ジャックの成長期は生後1歳までの期間を指します。この期間は体が急ピッチで作られるので、食事からも多くのエネルギーと栄養素が必要です。しかし、その体の働きは未熟なため、成長期用のペットフードは、消化性が高い原材料を使用し、速やかに消化・吸収ができるように作られています。また、軟便や下痢を起こしやすい時期なので、乳酸菌などの善玉菌や、善玉菌を増やすオリゴ糖を添加することでお腹の健康もサポートします。さらに、食物繊維の量が少ないのも特徴のひとつです。食物繊維が多いと食事の全体量が増えるため、小さく未熟な胃には吐き戻しや嘔吐の原因となるからです。また、おやつの与え方にも注意が必要です。おやつは犬にとって嗜好性が高くなるよう作られているためよく食べますが、この時期は主食から十分な栄養素とエネルギーを与え、生涯を支える健康な体の基盤をつくりましょう。

ジャックの維持期は成長期の後から10歳前後までが目安です。病気も少なく元気に過ごせる時期ですが、気になるのは飼い主さんの「フードジプシー」。より良いフードを探すもののどれもしっくりとこないため、何を与えれば良いのかわからなくなる状態です。この状態は飼い主さんも大変ですが、犬にとっても一大事。頻繁なフード変更は犬の消化器官にストレスを与えます。フード変更後は3か月を目安に体に合うかどうかを観察してみましょう。

高齢期になると、どんなに健康でも筋肉量が成犬期より10％程度減少します。活動量が減るため、維持期と同じエネルギー量では体重が増えやすくなります。体重増加は関節に負担をかけるだけではなく、心臓や呼吸器にも負荷がかかります。一般的に原因の多くは、おやつの選び方や与え方です。一方で、病気で自ら食べる量が減り体重が減ることもあります。

これは食べないのではなく「食べられない」状況。原因を探して対策を考え、できるだけ質の高い生活が維持できるような工夫が必要になります。

免疫力を維持する

体を病気から守るために、
免疫力を強くしましょう。

バリア機能

体には、体内に有害な細菌やウイルスが侵入して健康を害さないように免疫の仕組みがあります。その仕組みの最前線がバリア機能で、皮膚、腸内、粘膜がこの役割を担います。つまり皮膚、腸内環境、粘膜の状態を健康に保つことが、バリア機能の強化につながります。

皮膚を作る主な栄養素は、たんぱく質、脂質、ビタミンA、C、Eや亜鉛です。食事からの接種が不足すると皮膚炎や脱毛、けがの修復が遅くなるといった症状が現れます。また、血流が良くないと、これらの栄養素を皮膚の細胞に届けられません。さらに、皮膚表面には常在菌が多数いるのがふつうですが、免疫力が低下すると菌のバランスが崩れて皮膚が炎症を起こします。このようなことが起こるのを避けるには、栄養バランスがとれた食事と衛生管理、ブラッシングが大切です。とくにジャックは短毛ですが、抜け毛が多く皮膚トラブルも多いので、ブラッシングをしながら皮膚に異常がないかも観察しましょう。

腸内環境を守るには、4つの「与えすぎ」に注意します。

①フードの与えすぎ
②おやつの与えすぎ
③食物繊維が多い食品の与えすぎ
④フードに混ぜる水の与えすぎ

いずれの場合も、未消化物を増やすので、軟便や下痢の原因となります。このことは腸内細菌叢のうち、体に有益な菌が減り、有害な菌が増えていることを意味しています。有益な菌の数を維持するのが、バリア機能を向上させて免疫力を上げる秘けつです。

また、粘膜の健康に欠かせないのが「命の源」である水です。水分不足で粘膜が乾燥すると、バリア機能が正常に働きません。日ごろから少量頻回の水分補給を心がけましょう。

まとめ

健康は一日にしてならず。毎日の積み重ねの結果として表れます。健康の土台になるのが食事と水です。選んで与えるだけでなく、与え方や与えた結果にも留意し、愛犬に適した良い食事を探してください。

中医学と薬膳

体質改善にも役立つとされる薬膳。
ジャックの食事にも取り入れることができます。

薬膳の基礎

薬膳に挑戦するために
知っておきたい知識です。

「薬膳」と「中医学」

　中医学では、体は「気《き》」、「血《けつ》」、「津液《しんえき》」で構成されると考えられています。気は陰と陽に分けられ、さらに細かく五行（木、火、土、金、水）に分類されます。五行にはそれぞれに属する五臓（肝、心、脾、肺、腎）があり、動物の体は気によってその生命活動が行われているのです。

　また自然界で生み出される食物（肉や魚、野菜など）には、それぞれ体内に入ってからの働き（五味：酸、苦、甘、辛、鹹《かん》）と、体を温めたり冷やしたりする性質（五性：熱、温、平、涼、寒）があるとされています。五行には季節も関連していて、季節と五臓は関連し合っていると言われています。

　「今の体」に必要なもの（あるいは余分なもの、不足しているもの）は何か、乱れがあればそれは気、血、津液いずれで何が起こっているのか、どうしたらその乱れを整えられるかを考えながら、食材を選んで養生するのが薬膳です。

　生薬である「枸杞子《くこし》」はクコの実と同じです。肝、腎、肺に帰《き》経《けい》*1する滋補肝腎の良薬で、性は「平」。つまり体を温めも冷やしもせず効能は穏やかなので、継続して使える食材です。目は五行において木行に属する器官で、五臓のなかでは肝と関係が深く、目の養生をする際には肝の養生も不可欠です。実際、枸杞子の効能には「明目（目の疲れやかすみなど、視力の不調を解消する）」（「現代の食卓に生かす食物性味表」より）とあります。目には老化現象としての不調が出ることもあり、生命力を主《つかさど》る腎との関係も深いという特徴を持っています。補肝腎と明目両方の効能がある枸杞子は、まさに目の養生にぴったりなのです。

目の不調に注意して養生を

今の季節の邪《じゃ》[*2]やそれによって崩れた体調を引きずらないように次の季節を迎えることが肝要で、次の季節に先回りして早めの養生を心がけると不調になりにくいと考えられています。

五行と五季、五臓の関係を見るとわかるように、春は肝と関連が深い季節で、その機能が酷使される時期です。正常・活発に機能していれば心身ともに健康に過ごすことができますが、酷使されて不調になりやすい時期とも言えます。肝は五臓のなかでもひときわストレスをためやすい場所です。春は年度変わりもあって忙しさが増す時期。飼い主さんもいつもより目が疲れる、白目が赤くなるなど忙しさのなかに目の不調を感じることがあるかもしれません。

ジャック・ラッセル・テリアは、シニアになると黒目の中心が白濁してきたり涙やけが出たり、大事には至らなくても目に不調が出てくることがあります。「日があるうちはお散歩が大好きなのに夜のお散歩には行きたがらない」、逆に「昼はゆっくり歩けるのに夜は興奮気味に歩くようになった」といった変化が見られたら、それは見え方に変化が出てきたサインかもしれません。[*3]

薬膳は、今ある体の機能をできるだけ長く保つためのものと考えて（未病先防）、目に不調が出る年ごろになったら（または季節的な特徴が出やすいと思ったら先回りして）養生することが大切です。冬の邪を持ち越さず、春の邪に負けない体を作るためには、滋補肝腎、明目のクコの実は有効な食材と言えるでしょう。

*1 帰経…食材が体内に入ったとき、最初に効能を発揮する場所（五臓六腑）のこと。

*2 邪…病気の原因となるもので、「外因」、「内因」、「外因でも内因でもない不内外因」の3つに分けられます。

*3 愛犬の様子に変化が現れたら、自己判断せずに獣医師の診察を受けましょう。

〈五行と五季、五臓の関係〉

五行	木	火	土	金	水
五季	春	夏	長夏	秋	冬
五臓	肝	心	脾	肺	腎

クコの実（枸杞子）

クコという落葉低木になる実で、乾燥した状態で売られています（水で戻して使用）。ビタミンや食物繊維など豊富な栄養価で、近年注目を集めています。

薬膳レシピ

手軽に取り入れられる
主食やトッピング、
おやつのレシピです。

鮭とクコの実のお粥

肝は気の流れを主り、血をためる場所です。気と血を補い、それらの動きを活発にさせる働きのある鮭とクコの実を組み合わせて、春に酷使されがちな肝を養生します。

※鮭の骨は非常に硬いので、残っていないか必ず確認してください。

鮭とクコの実のお粥

（材料）
作りやすい量（約465kcal）
※標準的なジャックの食事3〜4回分

生鮭‥ 180g（大きめの切り身2枚）
うるち米…………………50g
白菜 ………………………20g
人参 ………………………20g
セロリ ……………………20g
春菊 ………………………20g
クコの実………………… 20粒
水 …………………… 200cc

作り方

①6号の土鍋にといだ米とクコの実を入れ、水200ccを加えて30分以上浸水させる。
②クコの実を取り出し、包丁でたたくようにして細かく刻んで❶に戻す。
③白菜とセロリを犬が食べやすい大きさに刻み、人参は皮ごとすりおろす。
④❶の土鍋に❸を入れてざっくりとかき混ぜ、骨を取りのぞいた生鮭を加える。
⑤土鍋にふたをして火にかけ、弱〜中火で沸騰させる。
⑥沸騰して湯気が出てきたらとろ火にして、15分加熱する。
⑦15分経ったら火を止めて、そのまま15分蒸らす。
⑧春菊を細かく刻んでから❼に加えてよく混ぜ、余熱で火を通す。

食材の中医学的解説

鮭
甘／温（脾胃）
気と血を補い、双方の巡りを良くします。脾胃を温めて働きを増強します。

うるち米
甘/平（脾胃）
脾胃の気を高め健やかにする働きがあります。

白菜
甘／平（胃大腸膀胱）
体にたまった余分な熱を取りのぞきます。脾の働きを健やかにして排泄を促します。

人参
甘/平（肺脾肝）
脾の働きを健やかにし、消化不良を解消します。陰血を補います。

セロリ
甘苦／涼（肝肺膀胱）
肝の働きを平にし、体にたまった余分な熱を取りのぞきます。排泄を促します。血の巡りを良くします。

春菊
辛甘／平（肝肺）
肝の熱を冷ます働きがあります。肺を潤し、1か所に固まった余分な水分を解きほぐします。

クコの実（枸杞子）
甘／平（肝腎肺）
肝と腎を補い、目の不調を解消して肺を潤します。

※参考…「現代の食に生かす　食物性味表」

クコの実
豆乳ヨーグルト

乾燥した季節は、津液を補う豆乳ヨーグルトとクコの実を合わせて、肺の乾燥を防ぎましょう。はちみつを加えれば、飼い主さんも食べられます。

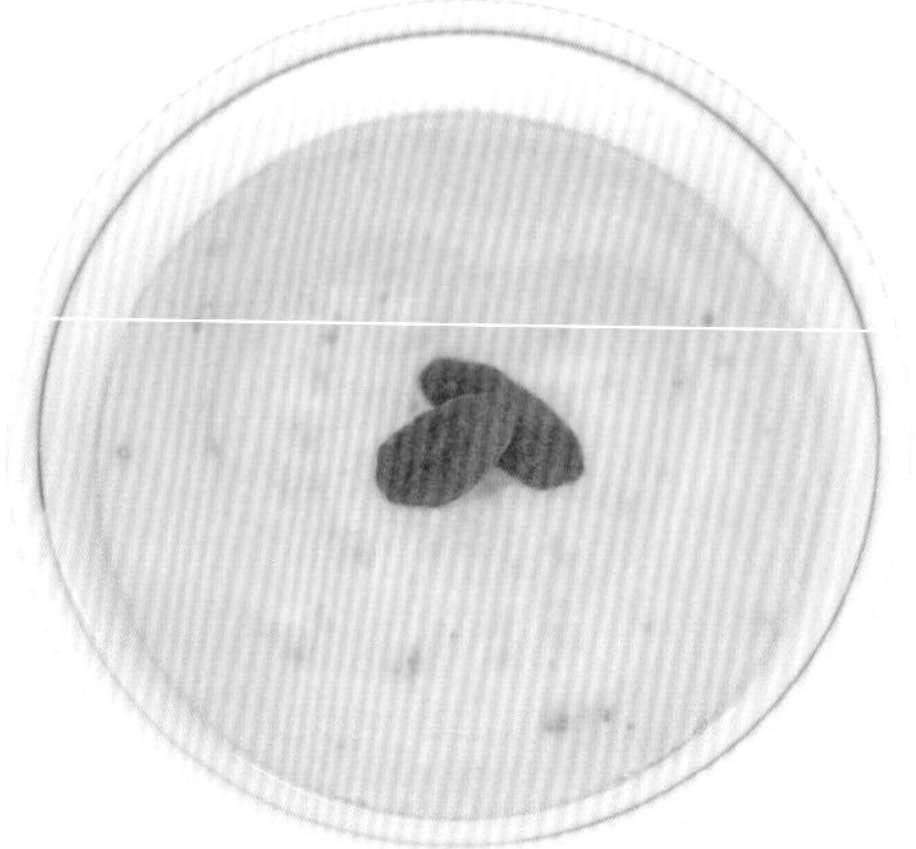

（材料）
作りやすい量／小さじ2＝約7kcal
豆乳ヨーグルト……………………100g
クコの実……………………………10粒
豆乳 ………………………… 大さじ2
（飾りのクコの実は分量外）

作り方

①豆乳にクコの実を入れて、ひと晩かけて戻す。
②翌朝クコの実を取り出し、包丁でたたくようにして細かく刻む。
③クコの実を浸した豆乳と❷を、豆乳ヨーグルトに加えてよく混ぜる。

食材の中医学的解説

豆乳
甘／平（肺脾大腸）

疲労状態を改善。体にたまった余分な水を出し、同時に津液を生じます。尿の排泄を調節します。

フードにトッピングして与えるのもおすすめです。

クコの実とやまいものパンケーキ

おやつにもフードのトッピングにも使えるパンケーキです。やまいもは中医学において、老化による白内障を予防するといわれています。

(材料)
作りやすい量／8枚
1枚＝約20kcal

やまいも……………………100g
クコの実…………………… 30粒
卵……………………………1個
(飾りのクコの実は分量外)

作り方

①クコの実は、芯がなくなるまでひたひたの水に浸けて戻す。
②❶を包丁でたたくようにして細かく刻む。
③やまいもをすりおろし、卵と❷を加えてよく混ぜ合わせる。
④ホットプレートまたはフライパンに❸を大さじ１ずつ丸く流し、弱火で加熱する。
⑤表面の気泡が弾けてきたら、ひっくり返す。
⑥表面に焼き色が付き、竹串などを刺して生地がくっつかなければ出来上がり。取り出して粗熱を取る。
※生地の水分が多いので、弱火でじっくり火を通すと扱いやすくなります。

食材の中医学的解説

やまいも
甘／平(肺脾腎)

気と陰を補い、肺を潤します。脾胃の働きも整えます。

卵
甘／平(肺脾胃心肝腎)

陰を補い、潤いを与えます。

このようにスティック状にカットすると、与えやすくなります。

ジャックコラム
2

フォックス・テリアからジャックまで

ジャックにはたくさんの親戚犬種が存在します。
ここではそのひとつである「フォックス・テリア」についてご紹介します。

ジャック・ラッセル・テリアという犬種が生まれる以前、その元となるテリアがイギリスにはすでに存在していました。それが、キツネ狩りに使われた「フォックス・テリア」という狩猟犬です。そもそもテリアはイギリスの庶民のあいだで飼われていた害獣退治犬で、農場や農地を荒らすネズミやウサギを駆除していました。しかし、貴族の狩猟のトレンドがシカからキツネへと変わったために、テリアが貴族たちの目にとまったのです。

ハウンドたちに追いかけられたキツネは地中の巣穴に飛び込み、難を逃れようとします。狭い巣穴に脚の長いハウンドは潜り込むことができません。そこでテリアが巣穴に入ってキツネを地中で追い回すのです。巣穴にはいくつか出入口があり、キツネは別の出口から地上に飛び出しますが、これこそがテリアの役目。キツネが出たところでハウンドがすかさず追いかけ、人間が仕留めるという仕組みです(現在のイギリスではこのような狩猟は禁止されています)。

このような背景から、フォックス・テリアが貴族や富裕層の人々の手によって作り上げられ、19世紀のイギリスの狩猟家に大変な人気を誇りました。しかし、1800年代の中ごろからドッグショーが始まったことで、次第に「外見中心」の犬種に変わっていきました。このトレンドに危機感を持った狩猟愛好家は、純粋な狩猟用のフォックス・テリアを残そうとしました。そこでできあがった狩猟系テリアのひとつが、ジャック・ラッセル・テリア。もっとも現在は、そのジャックも「狩猟犬」、「家庭犬」、「ショードッグ」のタイプに分かれています。

Part6
シニア期のケア

犬の長寿化に伴い、今や10歳以上のジャックも
珍しくありません。シニア犬のケアや介護についての
情報や知識が必要になってきています。

シニア期のポイント

年を重ねればいろいろなトラブルや心配ごとが出てくるもの。愛犬が少しでも長く快適に暮らすためのコツを解説します。

❶

シニア期のジャックで気をつけたい健康トラブルは何ですか?

かかりやすい病気が比較的少ない犬種ですが、激しい動きが多い子は足や腰をケガしやすいようです。シニアになると骨・関節がもろくなり、さらに体力も落ちるので、関節炎や膝蓋骨脱臼、前十字靭帯断裂がより起こりやすくなるのです。また、加齢とともに皮膚の腫瘍（ほとんどは良性だがまれに悪性も）やクッシング症候群が見られる場合もあるので、７歳以上になったら半年に１度は健康診断を受けて全身をチェックすることをおすすめします。

❷

シニアになったら、運動量は減らしたほうがいいのでしょうか?

とくに気になることがなくても、シニア期（７歳以上）になったら散歩や遊び方を見直すことをおすすめします。ジャックは体を動かすのが大好きなので、放っておくと若いころと同じ感覚で走ったり跳んだりすることがあります。愛犬の散歩の時間（＝運動量）を調整するなど、飼い主さんがさりげなくコントロールして体に負担のないようにしてください。散歩コースをいつもと変えたり飼い主さんとのスキンシップを増やせば、運動量は多少減っても十分な刺激を与えられるはずです。

❸

愛犬の変化に気づくためには、どこに注目すればいいですか?

以下のような変化は老化のサインなので、動物病院を受診しましょう。

- **□ 散歩のときに歩くのを嫌がる、スピードが遅くなった**
- **□ 姿勢を変える（立ち上がるなど）動作がスムーズにできなくなった**
- **□ 階段（段差）の上り降りをあまりしたがらなくなった**
- **□ 体を動かす遊びを喜ばなくなった**
- **□ 食欲が落ちた**
- **□ 毛のつやがなくなった**
- **□ 太ももの筋肉が薄く（小さく）なった**

❹

愛犬の若さと健康をキープするためにできることはありますか?

適度な運動を続ける、食事の栄養バランスに気をつけるなどいろいろなアンチエイジング方法があるので、かかりつけの獣医師と相談した上で愛犬に合った対策を。ただ、年齢とともに病気にかかりやすくなったり体力が落ちるのは自然な変化。体が動きにくくなったり、目や耳が遠くなっても、犬自身はその状態に適応して過ごしています。飼い主さんも無理に“全盛期”と同じ状態を目指さずありのままの愛犬を受け入れて、そのときにできることを考えてください。

シニアにさしかかったら

**ジャックのような小型犬の場合、
8歳を過ぎたころから注意が必要とされています。
健康状態を十分にチェックし、気をつけたい病気について学びましょう。**

日常生活でのケア

シニア期を快適に過ごすためには、若いころからの健康管理が重要です。

関節を痛めやすいポイントをチェック

運動神経抜群で高いジャンプ力を誇るジャック。楽しくなりすぎると思わぬ危険な行動を取ることがあります。事故を予防するために、関節が弱ってくるシニア期にはとくに室内の危険な場所をチェックしておく必要があります。滑りやすいフローリングや階段、高い位置にある窓枠からも飛び下りることがあるため、油断は禁物です。

皮膚を清潔に保つ工夫を

夏など高温多湿になる時期は、吸水性の良いマット（綿素材など）をこまめに交換しながら使用したり、愛犬の体質に合ったシャンプーやトリートメントで適切なスキンケアを行うことで、シニア期に起こりやすい皮膚疾患の予防に努めましょう。

食事には要注意

猟犬としてのルーツを持つジャックは、青年〜成年期にかけて、飼い主さんの想像を絶するような運動量を楽々とこなす犬種です。またその運動量に比例するように、食欲も旺盛に。

しかしシニア期に突入すると、運動量が知らず知らずのうちに落ちてくるので、目いっぱい運動していたころと同じカロリーのごはんを食べさせていると、当然のように太ってしまいます。

肥満が引き金となる病気やケガを予防するためにも、間食はできるだけ控えましょう。これまでに食事回数が1日に2回だった家庭では、1日に1回に減らすことを考えてみても良いでしょう。

歯のケア

歯みがきの方法（P76〜）も
参考にしてケアをしましょう。

シニア期に入った犬は、多かれ少なかれ歯肉炎を伴う歯周病になっているものです。若いころから毎日歯みがきを続けていることがベストですが、気づいたときにはすでに症状が進行しているケースもあるので要注意です。

対策

かかりつけの獣医師に相談して、歯周病治療を行いましょう。歯周病は、心臓病の悪化にもつながる恐ろしい病気ですから、十分注意してください。

皮膚のケア

病気や細菌・カビ、マダニにも
注意が必要です。

シニア期に限らず、ジャックは皮膚や耳の病気が比較的多い犬種です。細菌やカビが引き起こす皮膚炎や、体質的な脂《し》漏《ろう》症、年齢とともに悪化する傾向がある犬アトピー性皮膚炎などに注意が必要です。また、猟犬としての本能で、散歩中などに草むらに顔を突っ込む子が多いせいか、マダニの寄生も多く見られます。

対策

こまめなブラッシングやプラッキングのほか、シャンプーなどのスキンケア、ノミ・ダニの予防対策を定期的に行いましょう。

関節のケア

高すぎるジャンプは、シニアになったら控えさせた方が無難です。

ほかの犬種に比べて、シニア期になっても陽気でパワフルなジャックは、習慣性の膝蓋骨脱臼の悪化を起こすリスクが高いようです。また子どもやほかの犬、小動物を追いかけているときに突発的な前十字靭帯断裂、股関節脱臼を起こす子もいます。これらのトラブルは、「幼稚園の運動会のリレーで足がもつれて転ぶお父さん」のように、「気持ちに体がついてこない」のが原因であると思われます。

対策

これらの疾患を引き起こす多くの原因は肥満です。ふだんの食事などから、しっかり体重を管理することが大切です。また、毎日の散歩はいつも同じ人と一緒に、同じようなペースで行い、少しでも異常に気づいたら次回の散歩を中止して休息日にするか、距離を短くすることをおすすめします。

心臓病のケア

興奮しやすい子は要注意。獣医師に相談し、適切なケアを。

心臓にある弁が変形して、血液の流れが悪くなってしまう慢性弁膜性疾患は、ジャックに限らず多くのシニア犬で問題になります。一般的に、10歳以上のオスにはとくに注意が必要です（オスはメスに比較して1.5倍は発生しやすいと報告されています）。心臓病の急激な悪化は、興奮による血圧の変動が要因のひとつになるので、イタズラ好きでやんちゃなジャックの場合は、とくに気をつけましょう。来客時に興奮してしまう子も要注意です。

対策

心臓が弱く興奮しやすい子の場合、お散歩ではあまりほかの犬に会わないようなコースや距離、時間帯を選び、さらにドッグランなどでの自由な運動は控えましょう。早期から治療することで長生きできるということが研究でわかってきました。その場合も、獣医師の指示に従って適切なケアを行うことが必要です。

室内でのトイレ習慣

シニア期には安静が必要になることも。室内で排泄できるようにしておきましょう。

とにかく活動的なジャックですから、狭い室内よりも、庭やドッグランなどのより開放的な屋外で運動させている飼い主さんが多いと思います。知らず知らずのうちに、トイレは家の外で済ませる習慣が身についているケースも多いのではないでしょうか。

シニア期になると、安静が必要な病気やケガを発症しやすくなりますし、免疫力が低下することによって膀胱《ぼうこう》炎などの泌尿器・生殖器系の病気も多くなってきます。そのような場合、室内で排泄することができなければ飼い主さんと犬の双方に負担がかかってしまいます。できるだけ早いうちから、室内でもトイレができるように慣らしておくことも大切です。

シニア度チェック

愛犬のふだんの様子から、
シニア度を判定。
老いの状態に合った
接し方やケアを
考えてあげましょう。

生活習慣

- [ ] 睡眠時間が増えた
- [ ] 食べものにあまり興味を示さなくなるか、逆に執着して食べ足りないというくらいに食べる
- [ ] 食欲はあるが、上手に食べられない
- [ ] 食べものの好みが変わった
- [ ] 水を飲む量が減った
- [ ] ほかの犬や猫、来客などに対してあまり興味を示さなくなった
- [ ] 昼間は眠っていて夜は起きている
- [ ] トイレに行っても便が出づらい
- [ ] トイレを我慢しづらくなったのか、何度もする
- [ ] 粗相《そそう》をする（トイレを失敗する）
- [ ] 尿を少しずつ出す

行動

- [ ] 遊びなどを嫌がる、または遊んでもすぐに飽きてしまう
- [ ] 階段やソファーの上り降りが上手にできない
- [ ] ものにぶつかったり段差でつまずく
- [ ] 散歩やお出かけを喜ばなくなり、疲れやすい。座り込むこともある
- [ ] 外が薄暗くなると散歩に行きたがらない
- [ ] 知らない場所に行きたがらない
- [ ] 狭いところに入ると後戻りできない
- [ ] 呼びかけや大きな音に対する反応が薄い
- [ ] 寝ているときに起こしても反応が薄い
- [ ] 突然吠え始める
- [ ] 動くものを目で追わなくなった

ジャックコラム
3

介護の心がまえ

人間と同じように、犬もこれから介護の必要性が高まっていくはずです。早いうちから考えておきましょう。

歩行困難、トイレの失敗、無駄吠えの増加などが見られたら、介護スタートのサインとなります。愛犬の介護を経験した飼い主さんへのアンケートでも、「トイレの世話と歩行補助がいちばん大変」との結果が出ています。

介護はいったん必要になると毎日続けなければならず、飼い主さんは生活ペースが乱されるので大変です。しかしいちばん困っていたり、ストレスを感じているのは犬自身。家族の一員になった日から、愛犬にはたくさんの愛情や思い出をもらってきたのですから、感謝の気持ちを込めてできる範囲で最高のケアをしてあげたいものです。犬は飼い主さんのイライラ(負の感情)を敏感に察知して傷つくこともあるので、ひとりに負担がかかりすぎないよう、家族みんなで協力・分担して行いましょう。

また、何事も「備えあれば憂いなし」と言うように、介護生活に向けて若いうちからできることを実践してください。まずは、栄養バランスの良い食事で基礎的な体力・生命力を高めて、運動もしっかりして筋力をつけておくこと。いざ介護が必要となったときに世話しやすいよう、日ごろから信頼関係を築き上げておくことも大事です。抱っこやブラッシング、爪切り、歯みがきなども、若いうちから愛犬がすんなり受け入れられるようにしておくといいですね。

介護はがんばりすぎないことも大事。手助けを頼める人がいたらお願いしましょう。

【監修・執筆・指導】

PART 1

見市香緒（Monamour）

PART 2

見市香緒（Monamour）
ジャックの里

PART 3

細野栄作（Dog's home SUNKS）
見市香緒（Monamour）
須﨑 大（DOGSHIP合同会社）
藤井仁美
若林匡智（SJDフレンズドッグクラブ）

PART 4

高日大照（dogold）
藤田桂一（フジタ動物病院）
見市香緒（Monamour）

PART 5

由本雅哉（ふしみ大手筋動物病院）
太田亟慈（犬山動物医療センター）
相川 武（相川動物病院）
山本真紀子
奈良なぎさ（ペットベッツ栄養相談）
油木真砂子（FRANCESCA Care Partner）

PART 6

小笠原茂里人（動物リハビリテーション医療研究所）
松本英樹（まつもと動物病院）
若山正之（若山動物病院）

0歳からシニアまで
ジャック・ラッセル・テリアとのしあわせな暮らし方

Midori Shobo Co.,Ltd

2023年5月20日　第1刷発行©

編　者	Wan編集部
発行者	森田浩平
発行所	株式会社緑書房
	〒103-0004 東京都中央区東日本橋3丁目4番14号 TEL 03-6833-0560 https://www.midorishobo.co.jp
印刷所	図書印刷

落丁・乱丁本は弊社送料負担にてお取り替えいたします。
ISBN978-4-89531-888-4
Printed in Japan

編集	鈴木日南子、山田莉星
カバー写真	中村陽子
本文写真	岩﨑 昌、中村陽子、蜂巣文香、藤田りか子
カバー・本文デザイン	リリーフ・システムズ
イラスト	石崎伸子、カミヤマリコ、加藤友佳子 くどうのぞみ、ヨギトモコ